• 杭州晓满茶书屋 胡廷 摄

特别鸣谢
ACKNOWLEDGMENTS

特约摄影师： 夏 至　胡 廷
特约茶艺师： 和晓梅　王盼盼

插图提供： 胡 廷、黄 光 和晓梅 黄 大
武夷山桐木村香儿红茶
贵州苔茶
北京茶友会、北京茶叶企业商会

场地拍摄： 中式：瑞草轩、观止斋、杭州晓满茶书屋
英式：坡顶山红茶

茶具提供： 玉弦、瑞草轩、观止斋、和晓梅

Black Tea

人人学茶

第一次 品红茶就上手

图解版

第2版

黄大 编著

旅游教育出版社

·北京·

策　　划：赖春梅
责任编辑：贾东丽

图书在版编目(CIP)数据

第一次品红茶就上手：图解版 / 黄大编著. --北
京：旅游教育出版社，2015.6（2017.8）
（人人学茶）
ISBN 978-7-5637-3115-2

Ⅰ．①第… Ⅱ．①黄… Ⅲ．①红茶—品鉴—图解
Ⅳ．①TS272.5-64

中国版本图书馆CIP数据核字(2015)第015573号

人人学茶
第一次品红茶就上手（图解版）
（第2版）

黄大◎编著

出版单位	旅游教育出版社
地　　址	北京市朝阳区定福庄南里1号
邮　　编	100024
发行电话	(010) 65778403　65728372　65767462（传真）
本社网址	www.tepcb.com
E-mail	tepfx@163.com
印刷单位	北京艺堂印刷有限公司
经销单位	新华书店
开　　本	710毫米×1000毫米　1/16
印　　张	14.75
字　　数	208千字
版　　次	2017年8月第2版
印　　次	2017年8月第1次印刷
定　　价	42.00元

（图书如有装订差错请与发行部联系）

目　录
CONTENTS

第四篇　名——老牌新秀，世界经典红茶 / 113

第五篇　甄——茶有千味，择己所钟爱 / 123

源自中国的工夫，走遍世界的红茶

中国是世界红茶的发源地，红茶已有 300 多年的历史。明代刘基所撰《多能鄙事》一书中始见有"红茶"一词。传说中的偶然发现，促使福建省崇安县首创出了小种红茶制法，这是历史上最早的一种红茶。

18 世纪中叶，中国人根据小种红茶的制法加工发展出了工夫红茶的制法。工夫红茶是我国传统产品，19 世纪 80 年代曾在世界茶叶市场上占统治地位。18 世纪中叶，工夫红茶的制法传播到安徽省，原本盛产绿茶的祁门县开始生产红茶，且因毛茶加工特别精细、香高味浓而驰名天下。

随着国际市场的需求，我国于 1951 年在一些绿茶产区推广生产工夫红茶，如四川的"川红"、湖南的"湘红"、浙江的"越红"、福建的"闽红"、江西的"宁红"、湖北的"宜红"、台湾的"台红"等，均有悠久的历史，皆为我国传统的工夫红茶。云南的"滇红"始产于 1939 年，开始品质低次，1952 年经改进后，目前以其外形肥硕显毫，香味浓郁，在国际上享有极高的声誉。因此，我国工夫红茶产区地域广阔，产量曾在全国位居前列。

19 世纪 90 年代，荷兰、英国等西方国家，开始在其殖民地印度、斯里兰卡等国引进中国茶树并生产红茶，20 世纪初将其发展为分级红茶（现称红碎茶）。随着制茶机具的改进，揉切发酵新机具的问世，如转子揉切机、CTC 和 LTP 制法等，逐渐衍生成现代红茶制法。20 世纪 50 年代末，我国在茶叶主产省份发展红碎茶生产，高峰时全国有十多个省（区）生产红碎茶，产量和出口量远超过红条茶。1990 年前后，由于国家体制改革，茶叶产业结构调整，红茶的生产，特别是红碎茶的生产急剧萎缩。2007年福建"金骏眉"的生产让沉寂约20年的红茶再次出现在国人面前，让人们对茶叶的消费多了一份选择，红茶的生产逐步回升。目前，红茶依然是世界上生产和消费最多的一个茶类，约占世界茶叶总产量的70%，且基本都是红碎茶。

2014、2015年我有幸参加北京茶业商会组织的马连道全国斗茶大赛，结识了许多茶叶爱好者，特别是参赛的茶叶大众评委，让我感受到了人们对茶叶的喜爱与痴迷，也感受到了他们的认真、执着与坚持，而黄大老师则是他们中最认真的一个。喜闻黄大老师的《第一次品红茶就上手（图解版）》将再版，忍不住细细读来，发现图书具有一般外行所难企及的深度与感悟。该书从红茶的起源探寻了红茶的来历与传播，从红茶的品种讲述了红茶的制作，从红茶的产品寻味了中国红茶的缤纷，从百年品牌展现了红茶的世界魅力，从人们的喜爱告知了红茶的甄藏，从红茶的冲泡叙述了红茶的品饮，从红茶的饮用探讨了红茶的功效，从红茶的传播领略了红茶的文化，从现代发展提出了红茶的创新。因此，可以说这是一本红茶大全，让人们在阅读过程中了解红茶历史、学习红茶知识、知晓红茶属性、品味红茶真谛，从而真正喜爱上红茶。

愿读者放松心境，拥有一杯红茶相伴，在品味红茶的甜香与醇甘的同时感悟人生。

湖南农业大学茶学系　朱旗
2017-5-30 于长沙

漫漫红色之路 茶香永溢

什么商品，历经几千年仍然被热爱，历经风雨沉浮仍能涅槃重生？我想，茶就是为数不多的答案之一。

茶，它融入我们的生活，渗透进我们的文化，影响我们的精神世界。它被我们改变，我们被它改变，在我们能看到的未来，茶对我们的影响会越来越大，我们之间的相互影响和改变还会持续很长很长的时间。

在所有的茶类中，红茶的历史最跌宕起伏，背后的故事可歌可泣。

红茶从诞生到风靡欧洲，给当时的中国带来了巨大的财富，也给当时最发达的国家英国造成了巨大的贸易逆差，英国逐渐靠强行向中国输送鸦片的卑鄙行为来扭转商业上的弱势，最后又不得不靠发动战争来抵御中国红茶贸易的巨大优势。后来，他们还将中国的茶树树种偷出中国，种植在英国的殖民地印度和斯里兰卡，从而造就了今天的国际茶叶贸易的格局，三足鼎立，且中国还偏弱。

抗日战争时期，中国经济处于崩溃的边沿或者说已经崩溃，中国唯一可以拿来出口换取抗日物资的红茶，也因为广大红茶产茶区不是沦陷就是在交战区，无法生产。当时的国民政府组织专家深入中国的大后方云南去寻找适合制作红茶的原料，滇红由此诞生。国民政府当时用红茶换取了大量的抗日物资，红茶为抗日战争做出了巨大的而又默默的贡献。红茶的这段历史几乎被淹没在了历史长河中，殊为可惜。

20世纪80年代初，国家放弃统购统销的茶叶政策，主要用于出口的红茶经济马上陷入了重重困境中。中国的红茶从此陷入了低迷期，很多传统的红茶产茶区的红茶技艺因此而中断了，中国茶在国际贸易中的地位也每况愈下。很多茶区的茶农毁掉茶树改种其他农作物，或者改红茶为绿茶。

直到21世纪初期，一个偶然机会创制出来的金骏眉带动了国内的红茶热潮，一改国人普遍不喝红茶的习惯，硬是将陷入绝境的中国红茶带出了困境。一时之间，全国山河一片红，所有产茶区都纷纷推出自己的红茶，传统工艺和创新工艺也不断影响和拓展着国内市场，改变和影响了国人的茶叶消费习惯。

这里不得不提武夷山这个神奇的地方，武夷山是世界红茶的发源地，也是中国近代红茶的复兴肇始之地，在中国乃至世界红茶中的地位都是不可动摇的。武夷山桐木关为国家级自然保护区，这里几乎所有的茶园都处于半野生状态或者纯野生状态，这里的红茶品质无与伦比。

中国的红茶在向全世界传播的过程中，在各地促成了不同的饮茶习俗和传统；红茶因其茶树种植地理环境和加工工艺存在细微差别，所以形成了繁多的风味和口感，就每个个体来说，想要去掌握每种红茶的滋味和文化习俗，其实是非常难的。最好的方式就是读一本关于红茶的好书，多去喝喝红茶，去那些风景秀丽的茶山看看。读书和修行，享受人生和愉悦精神世界，都可以是在这样的一杯红茶里。

黄大老师的这本书，看书名会认为是一本有关红茶的入门级的书，其实仔细去研读你会发现，这本书其实是一本红茶的百科全书。黄大老师试图去将红茶的每一个细节和面目都呈现在我们的面前，通过读这本书，我们会重新认识红茶，从而喜欢上红茶。

任何一本书都难以言尽一个事物的方方面面，还需要我们在实际生活中去体验和感悟。但是我们可以从这样一本书开始，开始我们的红茶之旅，开始我们的诗意人生之旅，开始我们的卓越精神之旅。希望在我们每一个人的人生之旅上，有一杯茶，香气四溢。

人生漫漫，茶香永溢！

汪朝江

北京茶业企业商会秘书长

2017年3月18日

红色记忆

　　北京茶友会成立之初，就确立了"问茶、品茶、以茶会友"的宗旨。茶会的基本形式，以茶叶知识讲座与现场品鉴相结合为特点。但第一场茶会讲什么、谁来讲是当时面临的一个问题。我本人当时不是茶圈子里的人，认识的茶人不多。正在无计可施的时候，遇见了北京旅游教育出版社的赖春梅编辑，赖编辑向我推荐了《第一次品红茶就上手（图解版）》的作者黄大先生。从此，我与黄大先生结下了不解之缘。

　　记得在北京茶友会第一场茶会上，黄大先生主讲的题目是"红色之恋——红茶品鉴会"。从红茶的起源、国内的红茶产区、品牌一直延伸到英国、印度、斯里兰卡，洋洋洒洒一个下午，把红茶的那些老底都给茶友翻了出来。为了配合讲课效果，他还带了自己收藏的正山小种、凤牌滇红、贵州红宝石、祁红等正宗红茶，与茶友分享品鉴。更讲究的是，他还带来一位纳西族美女高级茶艺师和晓梅女士助阵，为大家指导红茶的冲泡技艺，彻底颠覆了茶友的红茶三观、三味。如今再回首，时光荏苒已是两年，但那个下午，记忆被染成了红色。

　　近朱者赤。与黄大的进一步交往难免受他的影响，渐渐对红茶有些痴迷。学习红茶总要理论结合实践，不明白的时候就翻翻黄大的《第一次品红茶就上手（图解版）》，基本上都能找到相关知识。喝的红茶品类也渐渐向纵深挺进。

　　2015年初春，跟随北京茶业企业商会的汪朝江秘书长深入武夷山桐木关，朝拜红茶的发源地。当日夜宿桐木关，次日被汪秘早早唤起，强拉着溯溪登山。

一路峡谷幽深，林木茂密，奈何山路崎岖泥泞，一行人等跌跌撞撞，终至一悬崖之下再无路可走。却见一瀑布高悬，飞流之下，乱红无数。当大家欣赏完这壮丽的美景欲返回时，忽有人发现崖边有野生茶树，众人兴致又来，四处寻觅，共发现七棵，皆嫩芽初展，鹅黄透绿。喜之采之，兜回山下，请桐木江府红茶技艺传人亲自手工炮制，得红茶不足三两，其色香味却独步江湖，饮者难以释怀，后起名曰"七星瀑布"。

从此，北京马连道便有了一个不定期的小众茶会——"七星瀑布"茶会，每次取一泡"七星瀑布"开汤品鉴，六七好友围炉夜话。受邀者除当时发现七星瀑布的团队成员，还有几位爱茶达人，而黄大先生不但成为特约嘉宾，还在汪秘有事的时候，负责组织七星茶会，自己也总是带来几款特色红茶与大家分享。每一次与黄大的茶叙，都会留下一杯别样的红色的记忆。

为了避免北京茶友会昙花一现，茶会活动可持续开展，北京茶友会采取了轮值会长制度，让爱茶的达人深入参与茶会的组织工作，把自己的各种社会资源带到茶会中来，唯有这样茶友会的活动方能生机勃勃。黄大先生众望所归成为轮值会长之一。期间除了组织茶叶方面的主题活动，还发挥他在广告界的资深经历，邀请包装、设计、营销等领域的达人，来北京茶友会举办相关讲座。由于深受茶友的喜爱，他的轮值会长连任两届，后因本职工作事务增多不得不卸任。

北京马连道茶叶一条街每年都会有一次茶叶盛事——马连道全国斗茶大赛，黄大先生连续几届都受邀担任大众评委，这都表明了他在茶叶圈的名气。尤其红茶方面，据说粉丝众多。

一个月以前，黄大跟我说他的《第一次品红茶就上手（图解版）》一书计划再版（看来第一版已经售罄），希望我能给再版书写个序。自觉非茶圈之人无名无分，由我写序资格不够，就想拖延而不了了之。今日又微信向我索要，知道再却之不恭，只好硬着头皮拙笔几行，是为序。

王伟欣（古道白云）

"北京茶友会"创始人、会长，"马连道全国斗茶大赛"大众评委

2017 年 5 月 16 日于问品堂

第一篇
源自中国，如今已红及世界

红茶从中国生根发芽，在世界茁壮成长，如今已枝繁叶茂、漫及五洲。

重点内容
- 红茶起源于何时何地，是怎么诞生的
- 红茶的主要产区分布在哪些国家和区域
- 中国红茶的著名产地都在哪里
- 红茶是如何分类和分级别的
- 红茶分类、分级按照什么样的标准
- 中西的红茶在分类、分级上有何不同
- 评判红茶的等级有何参照标准

红茶的起源

作为刚刚开始入手红茶的你，也许并不了解，红茶起源于我们中国。

偶然之为，却诞生了传世的红茶

话说明末时局动荡、战事频发，有一天一支过境的北方军队临时驻扎在武夷山桐木关（江西入闽的咽喉要道），宿营在茶厂中。当时正值采茶季节，店里堆放了很多茶包，士兵们便把其中相对七八成干度的茶包，铺在地上当床垫用。之后在外躲避的老板待士兵开拔，回来查看时却发现做过床垫的茶青全都变红了。

看着这些变红的茶青，老板很无奈，可丢弃它们又有些舍不得，于是让茶工把茶叶揉捻后，用铁锅炒，并用当地盛产的马尾松柴块烘烤。烘干后的茶叶外表呈乌黑油润状，并带有一股松脂的香味，跟绿茶的形色、香气明显不一样。茶厂老板让伙计挑到星村的茶市贱卖，没想到第二年竟有人给出2～3倍的价钱前来订制这种茶。茶厂按照去年的方式如法炮制，慢慢地生意越做越红火了。

红茶就这样在一个偶然的事件中诞生了，而福建武夷山的桐木关，也成了红茶的发源衍生传世之地。

当然这只是一个传说，虽然这个故事在武夷山江氏茶叶世家代代流传，同时在《中国茶经》上也有记载，但传说毕竟不那么靠谱。况且关于红茶起源的确切时间，也没有相关的史料记载。

最早提及红茶的是明初刘基的《多能鄙事》，书中有章节描写了"兰膏红茶"和"酥签红茶"的做法，但纪晓岚在《四库全书总目提要》中质疑该书系伪托。

真正可信的最早记载红茶的为《清代通史》："葡荷两国与我国通商较早，明末崇祯十三年，红茶（有工夫茶、武夷茶、小种茶、白毫等）始由荷兰转至英伦。"按书中所载，在明崇祯十三年（1640）之前，荷兰的东印度公司就把红茶销往欧洲，而荷兰东印度公司是在1610年首先把少量中国武夷茶输送到欧洲的，由此可推断红茶的起源应该在明代末期，即1567—1610年，也就是说享誉世界的红茶品类就是在此期间，从中国武夷山诞生并逐渐兴盛于国内和世界。这也与桐木关传说中的红茶产生时间大致相同。

虽然我们不能考证确切时间，但红茶发源于中国，却是得到全世界一致公认的事实。

虽然作为世界三大饮料之一的红茶的祖籍在中国，也曾在诞生之际创造过举世瞩目的辉煌，但是由于历史的原因，

武夷山
自然景观

武夷山雨
后的茶园

武夷山
桐木关内的
茶园

红茶在我国国内一直十分沉寂，新中国成立后也主要以外销为主，当时的国人习惯于喝绿茶、花茶，很少有人喝红茶，甚至根本不知道我国还有那么丰富的红茶品类。

直到改革开放后，国人从咖啡馆和写字楼里逐渐开始接触国外的红茶，加之近些年茶文化在国内的日渐回暖，人们才又开始了对红茶的关注。顶级红茶金骏眉的成功入市，为红茶市场升温起到了加热推动作用。于是当年小种红茶留下的红茶"种子"，终于又在我国生根发芽，并发展壮大。

红茶的产区

19世纪初，中国是唯一的红茶产地。一名叫罗伯特·福琼的英国植物学家从武夷山秘密窃取了茶种、树苗及红茶制作技术，带到了印度，随后茶种及红茶制作技术逐渐扩散到世界其他地区。

了解红茶产区，品味国内外各异的红茶世界

中国古语云"橘生淮南则为橘，生于淮北则为枳"，但是被英国人带到印度的红茶，却因为恰逢同样非常适宜的地理和气候环境，得到迅速的发展。印度红茶不久就超越并取代了中国红茶的市场地位。随后，斯里兰卡、印度尼西亚、肯尼亚等国也因同样优异的种植环境开始了红茶业的发展，并相继与中国一道，成为当今世界著名的红茶产区之一。

世界著名红茶产区

世界主要的红茶生产国有数十个，遍布亚洲、欧洲、非洲及南美，而且因产地环境气候及工艺的差异，红茶各具风格特色，形成了每个产区独到的红茶产品和红茶文化。对于红茶爱好者来说，这既是一道道丰富精美的红茶盛宴，也为他们不断提升、精进红茶修为提供了广阔的天地。

中国之外的世界著名红茶产区（国）

概况、特色　世界产区	概况	主要知名产地	产地及红茶特色
印度 INDIA TEA World's Gold Standard 印度国家茶叶协会认证标志	1.世界最大茶产区（国）之一 2.为了适应国内红茶市场的大量需求，英国在19世纪将殖民地印度作为红茶种植生产基地，引入了中国的茶树及红茶制作技术，开始种植生产红茶 3.目前印度茶叶生产量居世界第二位，红茶生产量位居世界第一，茶叶出口量居世界前列 4.印度是世界最大红茶消费国，红茶产量的70%~80%为满足内需 5.印度茶叶生产实行许可证制度，所有印度企业生产茶叶要得到政府的许可，然后才能得到印度茶叶局颁发的"印度茶"标志 6.印度政府于20世纪50年代通过了《茶叶法》 7.印度的主要茶产区有大吉岭、阿萨姆、尼尔吉里等 8.玛萨拉是印度著名的香料奶茶，为印度人所钟爱	大吉岭 DARJEELING 大吉岭产区认证标志	1.大吉岭位于印度喜马拉雅山麓，高海拔、独特的地理位置和自然环境，造就了大吉岭红茶与众不同的优异品质，使其被誉为世界三大高香红茶之一 2.茶树的品种来自中国小叶种，当初在印度试种的中国茶树，只有在大吉岭的幸存下来 3.大吉岭采摘季节分为春摘、夏摘及秋摘 4.大吉岭红茶采摘季不同，茶叶各具特色，春摘清新优雅，夏摘具有麝香、葡萄酒的风味和奇异的花果香。优质的大吉岭红茶被誉为"红茶中的香槟" 5.大吉岭红茶的年产量极低，在印度茶叶总量中只占2%左右，以出口外销为主
		阿萨姆 ASSAM 阿萨姆产区认证标志	1.阿萨姆位于印度东北，喜马拉雅山南麓，与不丹相邻 2.1823年罗伯特·布鲁斯（Robert Bruce）在印度的阿萨姆发现了野生的茶树阿萨姆种 3.1839年第一批阿萨姆茶叶（350磅）在伦敦上市交易 4.阿萨姆红茶产量占印度茶产量一半以上，是印度第一大茶区 5.阿萨姆红茶茶味浓烈，具有浓厚强劲的口感及熟果香气，常用来拼配调饮 6.阿萨姆红茶与印度大吉岭红茶、锡兰红茶及祁门红茶并称为世界四大红茶

续表

概况、特色 世界产区	概况	主要知名产地	产地及红茶特色
印度 印度国家茶叶协会认证标志		尼尔吉里 NILGIRI 尼尔吉里产区认证标志	1.尼尔吉里在当地是"青山"的意思 2.尼尔吉里位于南方的平缓丘陵地带，产区地理环境及气候条件与斯里兰卡相近，因此茶风味与斯里兰卡茶相似 3.一年四季皆可采制茶叶，每年12月到次年1月所采收的冬摘茶品质特别优良，被称作"冬霜红茶"（Frost Black） 4.最初种植的茶树来自于英国人带入的中国茶种茶苗 5.尼尔吉里红茶滋味圆润醇厚，带有果香，适宜做调和茶饮用
锡兰 （斯里兰卡） CEYLON TEA SYMBOL OF QUALITY 锡兰产区认证标志	1.锡兰是斯里兰卡的古称，但作为红茶产地仍沿用此称谓，是世界四大产区（国）及世界三大红茶生产国之一 2.18世纪末至19世纪初，斯里兰卡多次从中国引种茶树，但均无规模。直至19世纪中后期，由引种的武夷茶树所制红茶在伦敦获得青睐，从此茶园规模得以逐步扩大 3.锡兰一直以咖啡为主要经济作物，1875年因咖啡树染病害几尽枯死，英国人从印度阿萨姆引进红茶取代咖啡，于是有了现在的红茶种植生产规模	努瓦拉埃利亚	1.位于斯里兰卡中部山地，平均海拔在6千英尺以上，产区环境极佳，是斯里兰卡红茶最佳产地之一 2.1~3月为旱季，产出的茶叶质量较好 3.红茶被誉为茶中香槟，味道清新淡雅、带有花香，茶汤呈琥珀色

续表

概况、特色 世界产区	概况	主要知名产地	产地及红茶特色
锡兰（斯里兰卡） 锡兰产区认证标志	4.按茶树生长的海拔高度将茶分为三类，即高地茶、中地茶和低地茶 5.锡兰红茶具有浓郁的香气及醇厚的滋味 6.锡兰茶园主要分布在西南地区，共有努瓦拉埃利亚、乌瓦、汀布拉、康提、卢哈纳、乌达普沙拉瓦、萨博拉格慕瓦七大产区 7.斯里兰卡茶叶产区名称的使用遵循严格规定和管理。只有认证、注册的产地和生产商才可以使用相关产区名称 8.立顿袋泡红茶最早是在锡兰确定的配方，因而锡兰红茶的口味成为我们所熟知与习惯的红茶滋味	乌瓦	1.斯里兰卡最知名的产区，位于中部高地东坡，海拔3000至5000英尺 2.7~9月出产的茶叶品质较好，茶味醇厚浓烈，香气馥郁，虽有涩感但回味甘甜，汤色橙红明亮，有金黄光环 3.乌瓦红茶与大吉岭红茶、中国祁红，被誉为世界三大高香红茶
		汀布拉	1.位于斯里兰卡中西部中高区，平均海拔3500~5000英尺，是当年改种红茶的首批茶区之一 2.1~3月为旱季，产出的茶叶质量较好，红茶口感平顺圆润，口感甘醇，具有花香
		康堤	1.斯里兰卡茶产业最初的发源地，1867年英国人在康提创建了斯里兰卡的第一座茶园 2.海拔2000~4000英尺，属于中地茶叶产区，第一个季度产出的茶叶质量较好 3.康提红茶茶汤呈现橙红色，非常明亮，浓度适中，香气平稳，口感清淡涩味轻，适合加糖、牛奶饮用
		卢哈纳	1.斯里兰卡红茶的主要低地产区，最高海拔2000英尺 2.红茶发酵重，口感略带苦涩，汤色较深，一般用来制作早餐茶与下午茶，调和饮用

概况、特色 世界产区	概况	主要知名产地	产地及红茶特色
锡兰（斯里兰卡） CEYLON TEA SYMBOL OF QUALITY 锡兰产区认证标志		乌达普沙拉瓦	1.海拔在3000~5000英尺，6~9月出产的茶质量较好 2.红茶有花香，滋味稍苦回甘，品质汤色等与乌瓦红茶极其接近，但知名度不及乌瓦红茶
		萨博拉格慕瓦	1.平均海拔在2500英尺，属于低地产区 2.干茶条索乌黑，茶味平滑浓厚，汤深黄褐色，略带微红 3.以盛产斯里兰卡蓝宝石而闻名
肯尼亚	1.20世纪新兴茶叶生产国。20世纪20年代英国公司开启了肯尼亚规模化的茶叶生产 2.非洲的主要茶叶生产国，茶产量约占非洲总量的三分之二 3.经过迅速发展，目前已成为世界四大主要红茶产区之一，红茶生产量仅次于印度，红茶出口量居于世界前列	主要产区位于海拔1500米以上的山脉与高原地带	1.一年四季皆可采制茶叶，每年1~2月和7~8月的采制季生产的茶叶品质最佳 2.肯尼亚红茶汤色红浓、香气柔和，味道浓郁、涩强爽口，具有果香，主要用作袋泡茶和混合茶原料，适合调饮
印度尼西亚	1.世界排名第五的红茶生产国，世界上最早的红茶转运站 2.1872年引入阿萨姆种茶树试种成功，1909年一家英国公司在苏门答腊岛开始发展茶叶生产 3.目前每年红茶的产量和出口量居于世界五六位前后	爪哇、苏门答腊岛	印尼红茶又称爪哇红茶，味道清淡中庸，无突出个性，主要用作袋茶原料

续表

世界产区 \ 概况、特色	概况	主要知名产地	产地及红茶特色
土耳其	1. 1947年建成第一家红茶厂，开启了红茶产业，目前红茶生产量居世界第五位 2. 土耳其是世界人均消费茶叶量最多的国家（据2013年统计）。其茶产量也位列世界前十内		
越南	茶业在二百多年前即是越南重要的产业之一。20世纪初，法国人在越南开启红茶产业，目前越南红茶的产量和出口紧随印度、斯里兰卡、肯尼亚之后		
尼泊尔	尼泊尔红茶还不具备相当的知名度，但因其产区紧邻印度大吉岭，因而红茶拥有比较高的品质	喜马拉雅山山麓	顶级尼泊尔红茶品质接近大吉岭，具有优雅精醇的香气味道

注：各产区（国）的茶产量世界排名，请参考目前最新数据。

　　主要产区的中文译名，国内外出版的书籍会略有不同。

　　斯里兰卡第七大产区萨博拉格慕瓦，为近两年才被确立。

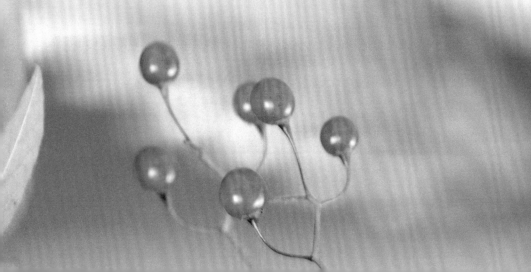

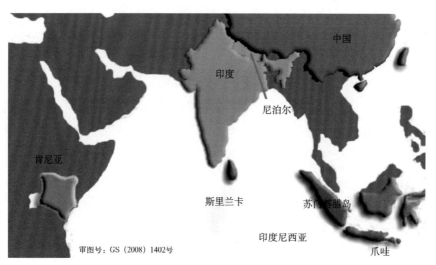

审图号：GS（2008）1402号

世界红茶产区示意图

审图号：GS（2008）1402号

印度红茶主要产区示意图

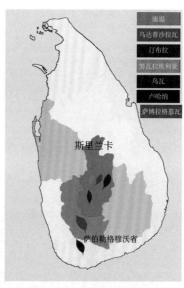

斯里兰卡主要红茶产区示意图

斯里兰卡各主产区红茶

中国红茶产区分布

中国是茶的故乡，是世界五大红茶产区（国）之一，茶叶种植遍布19个省市及中国台湾地区和香港地区。

中国的名优茶除一部分在江北茶区外，大都产于江南的高山和高原地域，那里的自然环境刚好适宜茶树生长：一是高山中弥漫的云雾，可以使光线中的红光得到加强，而红光可以促进茶芽中的氨基酸含量增加；二是光照强度低、漫反射光增多，利于含氮化合物提高；三是云雾使湿度增加，从而使茶芽能够长期保持柔嫩，对提升色泽、香气、滋味有很好的作用；四是温度较低，有利于茶芽中芳香物质含量的增加。

我国著名的红茶产区，大都集中在这些亚热带群山高原区域。产区内高山叠嶂、林木茂密、雨水充沛、昼夜温差较大。优越的地理和生态环境，如位于武夷山保护区的小种产地，黄山和九华山山脉间的祁红产区，武陵山山区的宜红产地，为中国红茶的优良品质提供了得天独厚的自然条件。

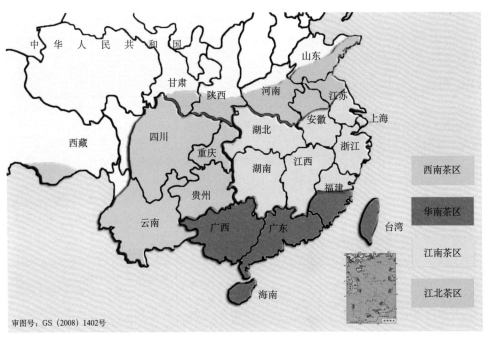

审图号：GS（2008）1402号

中国四大茶产区示意图

中国红茶在国内四大茶产区的分布

产区	地理位置	包括省市区	主要盛产的红茶
江北茶区	长江以北地区	山东、河南南部等	本区域原本只产绿茶，近年来有崂山红、日照红、信阳红相继问世
江南茶区	沿长江以南区域	安徽南部、江苏南部、福建北部、湖北北部、湖南、江西、浙江等	红茶发源地，小种及工夫红茶的主要产区，集中了国内大部分红茶品类，如小种、祁红、闽红、湖红、宁红、宜红、越红、浮梁工夫等
西南茶区	集中于国内西南区域	云南、贵州、四川等	工夫红茶的主要产区，如传统滇红、川红，及新贵遵义红
华南茶区	位于南部地区	福建南部、广东、广西、海南、台湾等	除闽红、桂红等工夫红茶外，也是我国红碎茶的主要产区，如海南红碎、英德红碎等 台湾红茶独具特色，如台湾八号、红玉等

中国红茶著名产地（部分）

著名产区 ＼ 概况、特色	产地概况、特色	红茶特色
福建武夷山（原福建崇安县）桐木关	小种红茶亦即红茶的发源地，位于福建武夷山自然保护区内，世界自然与文化双重遗产胜地 优异的自然环境和气候，为小种红茶优良的品质提供了独一无二的环境保障	小种红茶是我国特有的红茶品种，被誉为世界红茶的鼻祖。由小种红茶发展出了国内的工夫红茶，并衍生了世界红茶产品与文化
安徽祁门	坐落于黄山西脉森林浓郁的丘陵盆谷之中，优异的自然环境、一流的温度、湿度、光照，孕育了享誉世界的祁门红茶	创制于祁门的祁门工夫红茶是世界三大高香红茶之一，具有独特的"祁门香"，驰名中外，屡获国际奖项
云南凤庆	云南是滇红的产区，而凤庆（古称顺宁）是滇红的发源地，被誉为"滇红之乡"。这里得天独厚的地理及气候条件，成为滇红生成之佳境	滇红诞生之初便因"祁门红茶之香气，印锡红茶之色泽"轰动世界，多年来备受欧美、日本等地红茶爱好者的青睐，久享盛誉
四川宜宾	川红的发源地与主产区之一，位于四川盆地南缘山区。这里气候温和、雨量充沛，地势、土壤非常适于茶树生长	与祁红、滇红并称中国三大高香红茶，是中国工夫红茶的后起之秀

续表

概况、特色 著名产区	产地概况、特色	红茶特色
广州英德	英德古称英州，良好的自然环境适宜茶树种植，英德的种茶历史可追溯到唐朝时期 2005年被中国经济林协会命名为"中国红茶之乡"	1959年英红在英德问世，因其具有浓（厚）、强（烈）、鲜（爽）特色，屡获国内外各类认证和大奖
江苏宜兴	战国时称"荆溪"，秦汉名为"阳羡"。宜兴制茶久负盛名，《茶疏》记载：江南之茶，唐人首重阳羡。陆羽将"阳羡茶"荐为贡茶	宜兴红茶曾荣获巴拿马赛会金奖
中国台湾	台湾红茶始自清朝，日本侵占时期开始引进阿萨姆种植，阿萨姆的种植奠定了台湾红茶的产业基础 主要产区分布在鱼池茶区和花莲舞鹤茶区	台湾红茶在日占时期曾以"日东红茶"享誉国际。20世纪70年代末，台湾的"日月潭"品牌，外销风行

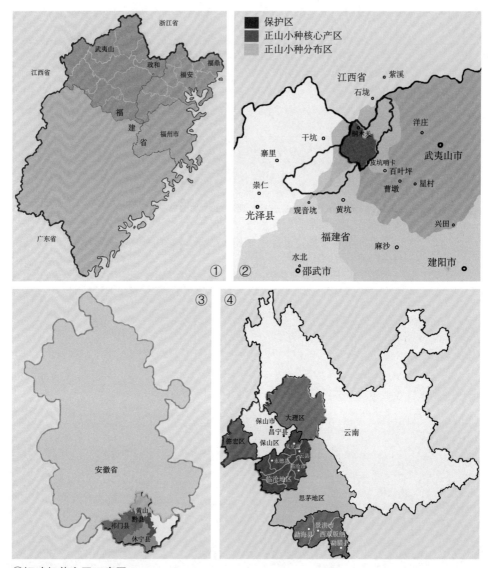

①福建红茶产区示意图
②正山小种产区分布示意图
③祁门红茶产区示意图
④滇红凤庆产区示意图

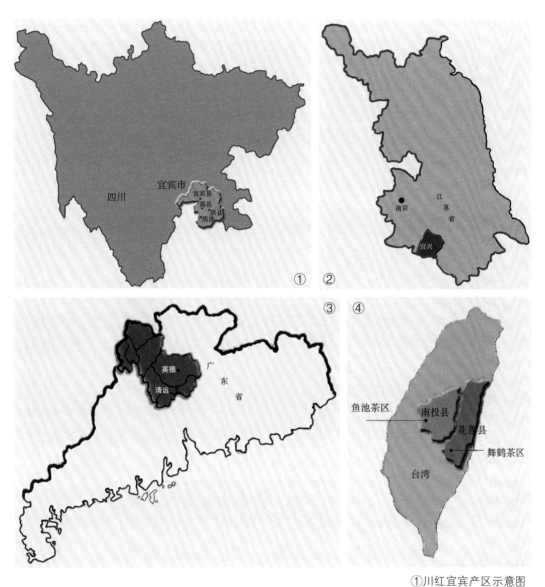

①川红宜宾产区示意图
②宜兴红茶产区示意图
③英德红茶产区示意图
④台湾红茶产区示意图

红茶的分类与分级

红茶的分类与分级，按照不同的标准有不同的划分方式，初入手红茶者，大致了解即可，不必为此投入过多的时间和精力。

红茶分类——标准和方式不同，红茶的分类也不同

先大致了解中国茶的基本分类

最早期的红茶也就是小种红茶，被桐木当地人称为"乌茶"，意即黑色的茶。后来周边地区仿制的红茶也随之叫某某乌，而世界三大高香红茶之一的祁门工夫红茶，当初曾被称为乌龙或祁门乌龙，也是因为茶叶条索呈乌褐色。后来才又根据茶汤的色泽，规范地称之为小种红茶与祁门红茶。

因而茶及茶汤的色泽，成了我国茶叶基本类别划分的惯常标准，相对其他品质因素，这种方式更能直接体现茶叶最本质的特性，而且更直观、更易于用文字描述传播。否则无论叫乌茶还是祁红乌龙，都将与真正的乌龙茶混淆在一起不好区分。

从技术层面进一步来解释，因为每类茶都是经过相应的工艺制作而成，如用红茶工艺加工出来的就是红茶，成品呈现红茶的外观和汤色特征，用绿茶工艺做出来的就是绿茶的干茶、汤色特征。所以茶及茶汤的色泽特征，是在加工过程中形成的，是这类茶工艺特点的直观反映。按此标准，可将茶叶基本分为绿茶、黄茶、白茶、青茶（乌龙茶）、红茶、黑茶六大类。

另外提到加工工艺，六大茶类除了绿茶外，都会涉及发酵这道工序，因此根据是否发酵及发酵的程度，可将茶叶分为不发酵、微发酵、轻发酵、半发酵、全发酵和后发酵，刚好也契合六类茶叶，其中绿茶是唯一的不发酵茶，黄茶为微发酵茶（发酵程度10%～20%），白茶为轻度发酵茶（发酵程度20%～30%），青茶为半发酵茶（发酵程度30%～60%），红茶为全发酵茶（发酵程度80%～90%），黑茶为后发酵茶（发酵程度90%以上）。

中国茶的再加工茶类

除基本分类外，中国茶还有再加工茶类，即以六大基本茶为原料，进行再加工后的产品，主要包括花茶、保健茶等。

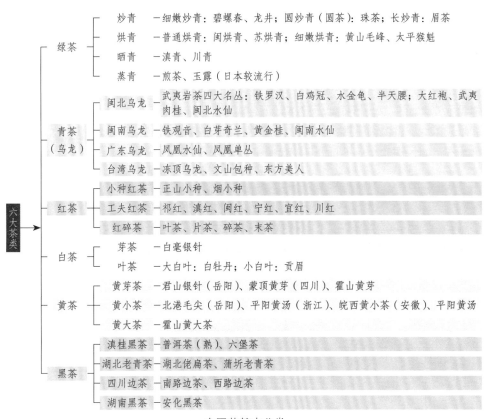

中国茶基本分类

再加工茶分类

茶类	具体定义	分类
花茶	用茶叶和香花进行拼合窨制，使茶叶吸收花香而制成的香茶，也称熏花茶	茉莉花茶、白兰花茶、桂花香茶
紧压茶	各种散茶经过再加工蒸压成一定形状而制成的茶叶，如砖茶	饼茶、黑砖茶、花砖茶、圆茶等
萃取茶	用热水萃取茶叶中的可溶物，过滤后获取茶汤，再经过浓缩或者干燥，制成的液态茶饮料或者固态的速溶茶	罐装饮料茶、浓缩茶、速溶茶、茶膏
果味茶	在茶中加入果汁制成的茶饮料，如柠檬红茶	含茶的果味茶、花果茶
保健茶	在茶中加入中草药，加强茶的保健功能，如杜仲茶	按功效分，有治病茶、补益茶、清热茶、止咳茶、养血茶、减肥茶、养颜茶等
含饮料茶	在饮料中加入各种茶汁，增强饮料的保健功能，如可乐茶	软饮料茶、保健饮料茶

红茶的各种分类体系

红茶的分类很复杂，以产地、制作工艺及品饮口味作为标准，可以发展出多样的分类方式，因而至今国内外没有一种完善统一的分类体系。对于初入手红茶者来说，想更加详细地了解其中的区别与不同，需要今后不断去品鉴体味。

红茶具体分类体系

按照红茶产地国别

可简单划分为两大类，即中国红茶与外国红茶，其中外国红茶包括印度红茶、斯里兰卡红茶、肯尼亚红茶等。

从红茶口味相区分

这是一种比较惯常的方式，将红茶归为原味红茶和调味红茶两大类。

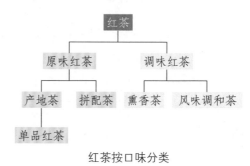

红茶按口味分类

原味红茶和调味红茶的具体特征

	类别	特征描述		子类别
红茶	原味红茶	保持红茶原有香气、味道，未添加茶之外的香料、花果等	产地茶	红茶产自单一茶区，具有产地独有的特色。产地不同，红茶的风格也各显迥异
			拼配茶	将不同品质的红茶按比例进行拼配调制，或者选取各产地的优势加工制成；改善茶香气、口感和茶汤色，且符合大众化口味，有利于商品化及推广。多为国外袋泡红茶品牌采用
	调味红茶	经过熏香过程，将花果香气加入红茶中；或者在红茶中加入香料、花果等，使其滋味调和融入红茶中	熏香茶	将水果、花朵或香料的香气，通过相关工艺熏入红茶中制成
			风味调和茶	通过调茶师的精心调配，以一种甚至几种不同的红茶作为底料，将水果、花朵、香料等搭配其中，使红茶呈现出创新的口味、风格、特色。多为国外品牌的红茶，如英国的伯爵红茶

以叶片大小划分

分为大叶种红茶、中叶种红茶和小叶种红茶三类。

大叶种红茶中，比较著名的有印度阿萨姆红茶和我国云南的滇红；

中叶种红茶以我国的祁门红茶为代表；

小叶种红茶，比较典型的是我国的正山小种和印度大吉岭红茶。

以饮茶时间划分

因欧美人每天习惯饮茶时间段的不同，衍生出不同的红茶品种，如英国早餐茶、英国下午茶、苏格兰下午茶等。

据叶片外形完整度划分

条形茶：红茶制作过程中，经揉捻成型，如中国的小种红茶、工夫红茶。

碎形茶：红茶制作过程中，经过切、撕等工序，成为碎片或颗粒状，如袋泡红茶。

中国红茶的分类

中国红茶的类别，普遍按照制作工艺的区别，分为小种红茶、工夫红茶和红碎茶三大品类，其品质特征各具形色、香气和口味。

中国红茶三大品类

	类别	特征描述	细分方式	子类别
中国红茶	小种红茶	发源、产于武夷山桐木关区域，福建省特有	按照原料产地和加工方法	正山小种 外山小种 （也称人工小种或烟小种）
	工夫红茶	以红条茶为原料精制加工而成，地域分布很广、产品较多	按产地	祁红、滇红、闽红、川红、宁红、宜红、英红、阳羡红等
	红碎茶	在红茶加工工序中，以揉切代替揉捻或揉捻后再揉切，形成颗粒状碎茶	按外形规格	叶茶、碎茶、片茶、末茶四种

红茶分级，中国与国外的侧重不同

中国红茶与外国红茶虽一根所生，但时至今日却演化出两种不同侧重的等级划分方式。国内红茶分级采用的是我们自行颁布的标准，而且不同产地的红茶，因产品的差异，甚至还有自己的特殊规定。总体来说，我们的等级划分是综合从外到内的指标，而国外则是以原料叶的采摘部位及成茶外在的条形大小为综合标准。当然，我国红碎茶因为要适应出口需求，颁布的标准样是可以与国外相对应的。

这样的情形就导致了一种现象，国外的红茶看等级栏上标明的英文字母（即分级），就能知道红茶鲜叶采摘的部位、呈现的形态，以及冲泡时间等明确的量化标准。但是我国的红茶就不一定了，有的包装上根本不会标明等级，有些虽然上面印了特级、一级的字样，可以表明红茶的品质高低，然而如果不了解这些等级的具体标准，依然很难直观判断包装里面的红茶究竟如何。没包装的散茶就更不用说了，完全要买茶人靠自己的经验去判断。

所以对于初入手者来说，要想很快熟悉国外红茶的等级，难度不是很大，你只要了解那些符号（如"BOP"）代表的含义就可以了；但是要想掌握国内红茶等级的具体标准，例如"条索紧结""色泽乌润""滋味醇浓"，就必须付诸大量的实践去不断学习品鉴了。对于新手来说这是一个长期的过程。

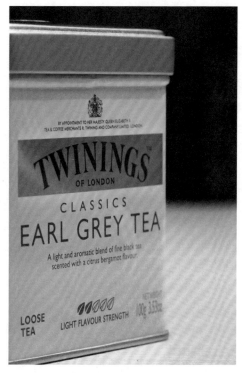

中国红茶等级标准

百年前国内红茶是没有等级标准的，通常都是外商购得后再自行分级销售。这种情况一直持续到新中国成立后。新中国成立后，我们逐步建立了分级标准，形成了我们自己的一套完整等级体系，但主要是针对出口的红茶而言，因为我们的红茶一直以外销为主。

下面以正山小种、祁红、工夫红茶的标准为示例，了解我国红茶的分级标准。

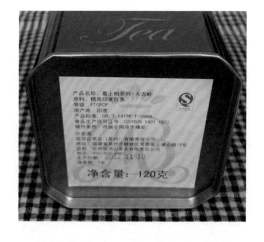

正山小种产品各等级感官品质要求

级别	项目							
	外形				内质			
	条索	整碎	净度	色泽	香气	滋味	汤色	叶底
特级	壮实紧结	匀齐	净	乌黑，油润	纯正高长、似桂圆干香或松烟香明显	醇厚回甘显高山韵，似桂圆味明显	橙红，明亮	尚嫩、较软、有皱褶，古铜色、匀齐
一级	尚壮实	较匀齐	稍有茎梗	尚乌润	纯正、有似桂圆干香	尚醇厚回甘，尚显高山韵，似桂圆味，汤味尚明	橙红尚亮	有皱褶，古铜色，稍暗，尚匀亮
二级	稍粗实	尚匀整	有茎梗	欠乌润	松烟香稍淡	尚厚，略有似桂圆汤味	橙红欠亮	稍粗硬，铜色，稍暗
三级	粗松	欠匀	带粗梗	乌、显花杂	平正、略有松烟香	略粗、似桂圆汤味欠明、平和	暗红	稍花杂

中华人民共和国国家质量监督检验检疫总局
中国国家标准化管理委员会
发布
2012年12月31日发布，2013年7月1日实施

烟小种产品各等级感官品质要求

级别	项目							
	外形				内质			
	条索	整碎	净度	色泽	香气	滋味	汤色	叶底
特级	紧细	匀整	净	乌黑润	松烟香浓长	醇和尚爽	红明亮	嫩匀，红尚亮
一级	紧结	较匀整	净稍含嫩茎	乌黑稍润	松烟香浓	醇和	红尚亮	尚嫩匀，尚红亮
二级	尚紧结	尚匀整	稍有茎梗	乌黑欠润	松烟香尚浓	尚醇和	红欠亮	摊张，红欠亮
三级	稍粗松	尚匀	有茎梗	黑褐稍花	松烟香稍淡	平和	红稍暗	摊张稍粗，红暗
四级	粗松弯曲	欠匀	多茎梗	黑褐花杂	松烟香淡稍带粗青气	粗淡	暗红	粗老，暗红

祁门工夫红茶质量标准

中华人民共和国对外贸易部
中华人民共和国进出口商品检验总局暂行标准
祁门红茶质量标准

本标准适用于出口茶叶，除特殊的茶叶可由省、市、自治区另定标准外，一律执行本标准。

分类与分级

红茶，即经过完全发酵制成。包括工夫红茶、小种红茶及红碎茶（叶茶、碎茶、片茶、末茶）。

红茶类

工夫红茶分为八级：特级、一级至七级。

红碎茶分为四个花色：叶茶、碎茶、片茶、末茶。

感官指标

各类各级茶叶必须符合中华人民共和国对外贸易部制定的标准样茶或出口合同规定的成交样茶。其品质特征，参见附录。

各类各级茶叶必须品质正常，无劣变及其他异味。

茶叶必须清洁，不得含有非茶类夹杂物。

理化指标

各类茶叶的水分、灰分及粉末的最高限量指标：

茶类	品名	水分（%）	灰分（%）	粉末（%）
红茶类	工夫红茶、小种红茶、叶茶	7.5	6.5	2.0
	碎茶、片茶	7.0	6.5	3.0
	末茶	7.0	7.0	2.5

碎茶含量参考指标：各类茶叶（秀眉、碎、片、末茶及压制茶除外）的碎茶含量不超过各该项标准茶或按成交茶样的实际含量。

凭成交样对外成交者，各项指标按成交样茶含量检验。

产品茶品质特征

各类各级茶叶必须符合部、省制定的标准样茶的品质水平。其品质特征参见附表。

祁红工夫茶：

项目 级别	外形		内质			
	条索	色泽	香气	滋味	叶底嫩度	叶底色泽
一级	细紧、露毫有锋苗	乌润	鲜、嫩、甜	鲜醇、爽口	柔嫩多芽	红艳
二级	细紧、露毫有锋苗	乌润	鲜、甜	醇厚	柔嫩有芽	红亮
三级	紧细	乌尚润	鲜浓	醇	嫩匀	红匀尚亮
四级	尚紧细	乌欠润	纯浓	尚醇	尚嫩匀	红匀
五级	稍粗尚紧	乌稍灰	尚浓纯	纯和	欠嫩匀	尚红匀
六级	松粗欠紧	乌带灰	稍粗欠纯	稍粗	稍粗老	尚红稍暗
七级	粗松	棕稍枯	粗低	粗淡	粗老杂	红暗

自然产生的碎、片、末茶（略）。

大叶工夫红茶产品各等级感官品质要求

级别	项目							
	中华人民共和国国家质量监督检验检疫总局 中国国家标准化管理委员会发布 2008 年月 12 日发布，2009 年 3 月 1 日实施							
	外形				内质			
	条索	整碎	净度	色泽	香气	滋味	汤色	叶底
特级	肥壮紧结多锋苗	匀齐	净	乌褐油润，金毫显露	甜香浓郁	鲜浓醇厚	红艳	肥嫩多芽，红匀明亮
一级	肥壮紧结有锋苗	较匀齐	较净	乌褐润，多金毫	甜香浓	鲜醇较浓	红尚艳	肥嫩有芽，红匀亮
二级	肥壮紧实	匀整	尚净稍有嫩茎茎梗	乌褐尚润，有金毫	香浓	醇浓	红亮	柔嫩，红尚亮
三级	紧实	较匀整	尚净有茎梗	乌褐，稍有毫	纯正尚浓	醇尚浓	较红亮	柔软，尚红亮
四级	尚紧实	尚匀整	有梗朴	褐欠润，略有毫	纯正	尚浓	红尚亮	尚软，尚红
五级	稍松	尚匀	多梗朴	棕褐稍花	尚纯	尚浓略涩	红欠亮	稍粗，尚红，稍暗
六级	粗松	欠匀	多梗多朴片	褐稍枯	稍粗	稍粗涩	红稍暗	粗、花杂

中小叶工夫红茶产品各等级感官品质要求

级别	项目							
	外形				内质			
	条索	整碎	净度	色泽	香气	滋味	汤色	叶底
特级	细紧多锋苗	匀齐	净	乌黑油润	鲜嫩甜香	醇厚干爽	红明亮	细嫩、显芽，红匀亮
一级	紧细有锋苗	较匀齐	净稍含嫩茎	乌润	嫩甜香	醇厚爽口	红亮	匀嫩、有芽，红亮
二级	紧细	匀整	尚净有嫩茎	乌尚润	甜香	醇和尚爽	红明	嫩匀，红尚亮
三级	尚紧细	较匀整	尚净稍有茎梗	尚乌润	纯正	醇和	红尚明	尚嫩，尚红亮
四级	尚紧	尚匀整	有梗朴	尚乌稍灰	平正	纯和	尚红	尚匀，尚红
五级	粗松	尚匀	多梗朴	棕黑稍花	稍粗	稍粗	稍红暗	稍粗硬，尚红，稍花
六级	较粗松	欠匀	多梗多朴片	棕稍枯	粗	较粗淡	暗红	粗硬，红暗，花杂

工夫红茶的条索

工夫红茶的茶汤

工夫红茶的叶底

红茶常用评茶用语

类别	评语	具体含义
外形	条索	指叶片经揉捻后卷曲成条状
	细嫩	芽叶细小柔嫩，多见于小叶种高档春季红茶
	细紧	条索细而紧卷，用于上档条红茶
	细长	细紧匀齐，形态秀丽
	紧秀	鲜叶嫩度好，条索细、紧而且秀长，锋苗毕露
	紧结	条索紧而结实，但鲜叶嫩度差，原料多为二三叶
	紧实	鲜叶嫩度差，但揉捻技术良好，条索松紧适中，有重实感
	显毫	芽叶上的茸毛称为白毫，芽尖多而茸毛浓密者称显毫
	匀整	指条索形状、大小、粗细、长短、轻重相近
色泽	乌黑	深黑色
	乌黑油润	也称乌润，深黑而富有光泽
	棕褐	色泽暗红。多用于大叶种红茶
	栗红	红中带深棕色
	泛红	色带红而无光泽
	橘红	色红而枯燥
香气	浓郁	香气高锐，浓烈持久
	甜香（蜜糖香）	带有类似蜂蜜、糖浆或龙眼之香气
	鲜甜	鲜爽带甜感。此术语也适用于滋味
	甜和	香气纯和虽不高，但有甜感
	醇和（纯正）	香气正常，纯洁但不高扬
	纯和	香气纯而正常，但不高
	平和	香味不浓，但无粗老气味，多用于低档茶
	高锐	香气鲜锐，高而持久
	幽雅	香气文秀，类似淡雅花香，但又不能具体说明哪种花香或香气
滋味	浓强	茶味浓厚，刺激性强
	浓醇	醇正爽口，有一定浓度

续表

类别	评语	具体含义
滋味	浓厚	茶味浓度和强度合称
	甜浓	味浓而带甜，富有刺激性
	鲜浓	茶味新鲜浓爽
	鲜爽	鲜美爽口，有活力
	甜爽	茶味爽口回甘
	甜和	也称甜润，甘甜醇和
	清爽	茶味浓淡适宜，柔和爽口
	醇厚	滋味甘醇浓稠
	醇和	滋味甘醇欠浓稠
	醇正	味道纯正厚实
	平淡	滋味正常，但清淡，浓稠感不足
	浓涩	味道浓但带涩味，鲜爽度较差
	苦涩	滋味虽浓，但苦味涩味强劲，茶汤入口，味觉有麻木感
汤色	红艳	鲜艳红亮透明，杯沿呈金圈
	红亮	红而透明光亮。此术语也适用于叶底色泽
	红明	红而透明，亮度次于红亮
	明亮	水色清，显油光
	冷后浑	茶汤冷却后出现浅褐色或橙色乳状的浑汤现象，品质好的红茶常有的特征之一
	深红	红较深。此术语也适用于压制茶汤色
	浑浊	汤色不清，沉淀物多或悬浮物多
	姜黄	红碎茶茶汤加牛奶后呈姜黄，明亮
叶底	红匀	叶底匀称比较一致，色泽红明
	鲜亮	色泽新鲜明亮
	紫铜色	色泽明亮，呈紫铜色，为优良叶底的一种颜色
	乌暗	成熟的栗子壳色，不明亮
	花青	青绿色叶张或青绿色斑块，红里夹青

工夫红茶的汤色、叶底鉴赏

国外红茶等级标准

国外红茶的分级，与我国的等级标准完全不同，它是根据茶叶鲜叶所采摘的部位及成品茶芽叶大小而划分。世界各地的红茶产区的等级规定，几乎都是以这两个因素的组合为基础发展而成的，一般以代表相关意思的英文字母（大写）缩写标示。

茶叶芽叶部位标准命名

国外将茶枝上不同部位的芽叶分别进行命名，划分不同等级，用以标明采摘后制成的茶叶外观及冲泡时间等特性。国内红茶产品包装标明，"本产品由'芽'或'一芽一叶''一芽二叶'制作"，其意即指，原料鲜叶采摘自茶枝上的顶芽，或芽与其下面紧邻的第一片、第二片树叶，相当于原料为 FOP 或者 FOP+OP+P。

花橙白毫（FOP）
Flowery Orange Pekoe

橙白毫（OP）
Orange Pekoe

白毫（P）
Pekoe

白毫小种（PS）
Pekoe Souchong

小种（S）
Souchong

工夫（C）
Congou

武夷（B）
Bohea

芽叶名称
等级示意图

国外红茶常见的等级标准

等级级别	总体特点	各等级名称	各等级具体含义
全叶茶（P）	即Pekoe，单品红茶等级，以全叶、全芽加工制成，茶叶呈条索状	OP（橙白毫）	由茶枝最上数第二片叶子制成的红茶
		FOP（花橙白毫）	主要以茶枝最顶端的嫩芽为原料制成 示例：乌瓦FOP
		TGFOP 1（上等花橙黄白毫）	一种含有大量金色嫩芽的FOP，"1"表示同等级中最上等
		FTGFOP（顶级毛尖金花橙白毫）	通常是顶级茶园出产的顶级茶叶，并由手工加工制作 示例：阿萨姆FTGFOP

续表

等级级别	总体特点	各等级名称	各等级具体含义
碎茶（B）	即 Broken，指通过切碎工艺制成的红茶，茶叶呈颗粒状	BP（碎白毫）	将白毫叶原料切碎，制成的红茶
		BOP（碎橙白毫）	以橙白毫为原料，制成的碎形红茶 示例：康堤BOP
		FBOP（碎花橙白毫）	采摘茶的叶芽为原料，经切碎而制成
		BPS（碎白毫小种）	将白毫小种原料切碎制成
片茶（F）	Finning，意为能被风扇吹动的茶片，比碎茶更细小，大小在0.5~1毫米。主要用作茶包及大众茶饮料原料	F（片茶）	比碎茶更细小的红茶
		OF（橙白毫片）	用橙白毫做出的片茶
		PF（白毫片）	用白毫叶做成的片茶
		BOPF（碎橙白毫片）	用橙白毫制成，是片茶中最主要的等级
末茶（D）	Dust，如粉末状的红茶，大小在0.5毫米以下，主要为茶包原料	D（末茶）	茶叶细如粉末，冲泡时茶叶迅速溶解
		PD1（白毫末茶）	一级白毫末茶，主要产于印度

第二篇
制 精工细作，成就优良品质

是什么魔法，让一片绿色的叶子，变得如此醇香四溢？

重点内容

- 红茶制作工艺的基本流程
- 中国红茶的传统制作工艺
- 红碎茶的基本制作工艺

优良茶树品种

茶树好茶才好，茶树不同茶味也不同，只有选择适合产区的优良树种，才能制作出具有独特风味的好茶。

产区通常会选用适宜的优良品种

虽然红茶可以用每一种茶树制成，但是茶树品种的不同，做出来的红茶口感也会有所不同，茶树品种的优异是决定红茶品质的最根本要素。所以无论国内还是国外的红茶产区，都曾经过不断的种植优化，逐渐形成适宜当地环境的优良茶树品种。

不同茶区环境下生长的茶种，做出的红茶会呈现出当地的独特风味。我们品尝红茶时能感受到不同区域不同茶种带来的相应口感特色，犹如我们品尝不同酒庄不同年份的红酒。当然对于初入手者来说，这还需要一段时间的品赏经验的积累。

国外一般将茶树依据叶片形态，分为大叶种、小叶种及各自的变种。前者如阿萨姆种，叶片较大，制成的红茶较显粗壮，包括锡兰（斯里兰卡）、印度、印尼及我国云南、四川、台湾南投鱼池等地的红茶；后者有代表性的如正山小种和大吉岭红茶。

武夷山茶树

云南树龄
百年以上
的大茶树

中国红茶选用的优良茶树品种

红茶类	茶树品种	茶种特色
滇红	凤庆大叶茶、勐海大叶茶、勐库大叶茶	芽叶肥壮、叶质厚、茸毛多、持嫩性强。制成红茶后香气高锐持久，滋味浓强鲜醇，汤色红艳
小种红茶	武夷菜茶良种、福云系列、福鼎大白茶、福鼎大白毫	武夷菜茶良种是武夷山传统的茶种，是制作优质正山小种的重要原料。制成的红茶条索肥壮、色泽乌润，汤色红艳、滋味醇厚、经久耐泡
闽红	福鼎大白茶、福鼎大白毫、福安大白茶、福云系列、毛蟹、梅占等	芽叶肥壮、茸毛多、萌发率高、芽头密，含有丰富的氨基酸、茶多酚和咖啡碱。制成的工夫红茶条索紧结、色泽乌润、香郁味醇、汤色红亮
祁红	祁门种	含有丰富的氨基酸、茶多酚等成分，制成的红茶滋味醇厚，香气似果香或花香，俗称祁门香
川红	早白尖	春芽萌发早，四月即可进入市场，以早、快、嫩、好的特点及品质，备受茶界赞誉
其他工夫红茶	除国家审定的当地优良茶种外，有的还适量或大面积引进云南大叶茶、福鼎大白茶、福鼎大白毫及祁门种等良种	丰富的茶种资源，为根据市场需求生产、研制开发名优红茶奠定了坚实的物质基础

红茶的制作过程，在传承中不断创新

精细的制作工艺是红茶优质的保证

　　同一棵茶树上的鲜叶，采摘后用绿、红、黑等不同茶类的制作方式，生产出来的就是相应的茶类，而且即使都是制作红茶，也会因为国内外各红茶制作工艺间的传承与创新差异，而使制作成的红茶各具风味特色，这也正是世界红茶丰富多彩、各有千秋的最重要的因素之一。而且制茶工艺技术的精细熟稔程度，更直接影响到所制成茶叶的品质等级。

虽然红茶由中国创制并传到国外，但因中西方市场需求、饮茶习惯不同与文化底蕴的差异，红茶的制作工艺流程也相应地有了明显的区别，形成了非揉切制作工艺与揉切制作工艺两大体系。

红茶的非揉切制作工艺与揉切制作工艺在初制的基本流程上，大体都要经过萎凋、揉捻、发酵与干燥四段工序，但是在揉捻过程中，揉捻还是揉切却对红茶最后的成型起到决定作用，即生产出来的是条形茶还是碎茶。用非揉切制作工艺即传统成型法，加工出来的即为条形红茶，而用揉切制作工艺加工出来的是碎红茶。

红茶制作工艺的基本流程

红茶初制基本流程，除了正山小种需要多经过一道过红锅的工序外，大部分红茶都要经过萎凋、揉捻、发酵与干燥等典型工艺制成。

红茶初制后即可以饮用，但为了提升品质、增加其价值，还要进行精制的过程。精制程序比较复杂，它是初制的升华，即通过筛分、拣梗、拼配等环节，使红茶产品最终规格、品质更加一致、优良。

有时为了改变红茶产品的风格特性需要，通常精制后还要进行后制，常见的手段包括焙火、熏香（熏化）、掺和和拼配等。

红茶的总体制作过程

总体制作过程	说明	具体制作工艺
初制	将茶的鲜叶制成成品毛茶的过程	采摘、萎凋、揉捻、发酵、干燥
精制	为提升品质与增加产品市场价值，对初制毛茶进一步加工	筛选、分级、裁切、去梗、风选等
后制	改变红茶的风味特征	焙火、熏花、掺和、拼配

红茶制作工艺的基本流程

基本工艺	工艺作用	工艺过程
采摘	1.鲜叶采摘的季节与时间，是红茶品质的先决条件。采摘季节不同，制成的春茶、夏茶、秋茶也会有所差异。其中以春茶品质最优 2.芽叶数量的多寡会形成红茶不同的品质，高端红茶金骏眉则完全由芽制成	1.红茶采摘，应制茶的时令季节，通常为一芽二至三叶，及同等嫩度的二三、三四对夹叶 2.采摘时一般将精粗鲜叶分开采摘，鲜叶运到茶厂后首先要按照分级标准分级，然后再进行下一步加工制作

续表

基本工艺	工艺作用	工艺过程
萎凋	萎凋既有散发水分的物理变化，也有内部的化学物质变化，是红茶形成香醇味道的重要前奏	1.将鲜叶采摘后进行水分散发，萎凋后鲜叶变得柔韧而适于揉捻 2.萎凋一般采用自然萎凋方式，自然萎凋又分室外（日光）萎凋和室内萎凋，室内萎凋有自然和萎凋槽（自然或通风加温）两种方式 3.萎凋过程要严格掌握室温、叶温、摊叶厚度和时间，以控制鲜叶的含水量
揉捻	1.揉捻是发酵的重要基础 2.揉捻是在扭压等外力作用下，破坏叶子的细胞组织 3.揉捻可以促进多酚类的酶促氧化过程，同时溢出的液汁黏附在茶叶表面，增进色香味浓度 4.揉捻可以使茶叶达到美观成型的效果	1.揉捻方式有传统的手工方式和现在比较多用的用揉捻机进行的揉捻 2.揉捻过程就是通过人工或者揉捻机，对萎凋后的茶叶进行揉捻，将茶叶塑造成条索状或不同大小的颗粒 3.揉捻程度要根据叶子细嫩粗老情况，灵活把握轻重、时间等要素
发酵	1.发酵是形成红茶色香味特质的关键工序 2.红茶色素即是在此环节中氧化形成的	1.发酵方式早期采用热发酵工艺，20世纪70年代末开始应用发酵车发酵，目前已发展到通过发酵机进行控温控时发酵 2.发酵过程是通过控制温度、湿度和气量，达到茶多酚酶性氧化聚合反应效果
干燥	干燥的目的有三个： 1.抑制酶的活性，制止酶促氧化 2.蒸发水分、固定茶条外形，使茶干燥，防止霉变、便于储藏运输 3.发散出青草气息，增加红茶的香甜味	1.干燥过程分毛火和足火两道工序完成 2.干燥过程是通过烘笼或烘干机进行烘焙，实现发酵后的茶叶干燥的目的，其间要严格控制烘干温度、时间和干燥度等因素 3.正山小种的干燥过程是通过锅炒完成的，即"过红锅"，这是小种红茶特有的工序
过红锅*	这是正山小种特有的工序，其作用是停滞酶的作用，停止发酵	1.当铁锅温度达到要求时投入发酵叶，用双手翻炒 2.过红锅过程要严格控制时长
烟熏*	正山小种松烟香形成的独特工艺	1.小种红茶制作过程中独有的工艺环节 2.在萎凋时采用松柴进行加温，在复揉后要用松柴进行烘焙

①采摘鲜叶
②采摘回来的鲜叶
③萎凋
④室内萎凋

①揉捻机
②揉捻过程
③发酵好的红茶
④焙火
⑤焙火中的红茶

揉切与非揉切两大制作工艺

非揉切制作工艺

这是中国红茶传统特有的制作方式，小种红茶是此制作工艺的代表，各工夫红茶以此为根基进行简化，除去过红锅、复揉、烟熏等过程发展出了自己的制茶工艺。非揉切工艺讲究红茶条形的形色完整美观，这也是与国外揉切成型的根本区别。

非揉切制作过程

揉切制作工艺

国外为了追求红茶的溶解速度和口感，改良了中国的红茶工艺，使得揉捻方式更加强烈，而且陆续创新研发出CTC、切青等方式，大量生产有完整分级的红茶，揉切也成为国外主要的红茶制作工艺。

CTC制法

其制作工艺是指通过CTC揉切机，将稍作萎凋和轻揉的鲜叶，快速碾碎（Crush）、撕裂（Tear）、卷起（Curl）的制作过程。第一台CTC揉切机是英国人在印度阿萨姆发明的。

20世纪30年代，CTC的发明使传统红茶制作过程费时、成本高的状况得以改变，不仅大大提高了产量还降低了成本，CTC也成为红碎茶的主要加工方式。

此外制作红碎茶的技术还有LTP法、洛托凡（Rotorvane）法等，目前世界上仍有产区在完全使用。

切青工艺

在雨天湿度高、萎凋不易的天气状况下，通过切青工艺可以取代费时且易受天气影响的萎凋过程。切青是指将鲜叶送入切青机切制成丝状茶青，让水分快速脱去，同时增加与空气的接触空间，使茶青更快发酵、干燥。

切青工艺的诞生是因为在1925年印度的天气极其恶劣，严重地影响了红茶的制作加工，于是有人根据剪烟机裁切鲜叶的工作原理，发明了切青工艺，让鲜叶能在切碎的过程中，快速失去水分。

虽然切青能取代萎凋散发水分，但不能取代萎凋过程中水解的化学变化，因此切青红茶的口味很重，同时也失去了香气，适合做调制茶或茶包。

CTC红茶产品特色

主要生产国	印度、斯里兰卡、肯尼亚、孟加拉等
主要红茶等级	碎茶（B）、片茶（F）、末茶（D）
产品特色	呈颗粒状，深黑色色泽，冲泡简易、溶解速度快 茶汤浓度高、色泽较深，滋味有刺激性，香气不高扬
适合饮用	混合红茶、调味红茶/奶茶/水果茶、茶包等

切青红茶产品特色

主要生产国	印度、斯里兰卡等
主要红茶等级	片茶（F）、锡兰末茶（D）
产品特色	茶溶解极快，成品茶汤呈鲜红色，滋味明显而香气不高扬
适合饮用	大宗红茶、罐装饮料、茶包等

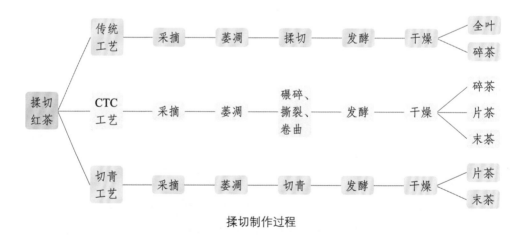

揉切制作过程

第三篇
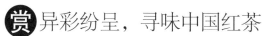赏 异彩纷呈，寻味中国红茶

每一种"工夫"色香味的背后，都蕴含着深厚的"功夫"。

重点内容
· 正山小种红茶的发源、产区、发展、特色、
  鉴赏，及深远影响
· 各工夫红茶的渊源、产区、发展、现状，
  及特色、鉴赏

中国红茶荟萃

刚刚步入琳琅满目的红茶大千世界，难免会有"乱花渐欲迷人眼"的感觉。一地一工夫——红茶虽不及绿茶的品种那么繁众，也算是六大茶类里品种比较丰富的了。对于初品者来说，可以先从闽红或小种红茶、滇红入手，因为无论是从红茶的大小叶种，还是从红茶的外观和口感，闽、滇的差异都较为明显，非常适合辨识和确定红茶各方面的特性，从而触类旁通地去体悟这个异彩纷呈的红茶体系，一个阶段、一个阶段地让自己的品鉴能力、水平不断提升、精进。

中国红茶，墙里开花墙外香

只闻其名，未见其真形，甚至闻所未闻，更别说一品其滋味了——初入手红茶的你，有如此感觉实属正常。因为我们出生成长的年代，正赶上中国红茶外销及消沉的阶段。不过幸运的是，当我们开始喜欢上红茶时，刚好也迎来了它重兴的新时期。

正山小种——红茶世界之宗

正山小种，红茶之宗

在英国，早期称最好的红茶为BOHEA，其实BOHEA即"武夷"的谐音。吴觉农在所著《茶经述评》中特别引用了《茶叶词典》对此词条的注释："武夷（BOHEA），中国福建省武夷（WU-I）山所产的茶，通常用于最好的中国红茶（CHINA BLACK TEA）……"

17世纪正山小种漂洋过海来到欧洲，因其产自武夷山，被称为BOHEA TEA，尤为英国皇室所臻爱。在其后的两个世纪，正山小种带动了武夷红茶在英伦的外销扩散，并通过英国人的不断推广，使中国红茶在世界范围得到更广泛的传播。

关于正山小种红茶的具体起源，本书已在之前有关红茶起源的章节中进行了详尽的描述。正山小种红茶最初被称为小种红茶，因其外形乌黑油润被当地人叫作"乌茶"（当地口音念作 wu da），意思是黑色的茶。这和英文称红茶为BLACK TEA，倒是十分贴近。

正山小种，"正山"本宗的界定

正山小种诞生之初，当地无论茶农还是茶人都不喝这种红茶，因为在当时传统的绿茶环境里，小种的出现无疑是一个另类，人们也并不看好它。没想到当地人不喜欢的乌茶，却在荷兰和英国

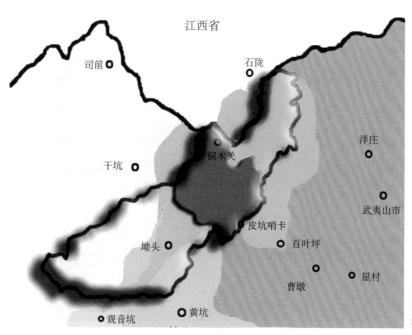

武夷山保护区
及正山小种
核心产区

备受欢迎，所以那时几乎所有的红茶均是外销。当地曾流传着这么一句俗语："武夷山一怪，正山小种国外卖。"

外销的红火，直接促进了武夷红茶生产量的增长和种植区域的扩张。在武夷山周边及福建其他茶区，甚至江西部分茶区也出现了仿制的正山小种"江西乌"。但是仿制的小种在品质上还是与正品略有不同，于是才有了"正山"与"外山"的界定。

所谓"正山"的含义，据《中国茶经》所载是"真正高山地区所产"之意，而正山的范围界定为以庙湾、江敦为中心，北到江西铅山石陇，南到武夷山曹墩百叶坪，东到武夷山大安村，西到光泽司前、干坑，西南到邵武观音坑，方圆600平方千米。而"外山小种"指的是政和、屏南、古田、沙县及江西铅山等地所仿制的小种红茶，统称为"人工小种"或"外山小种"。有的将低级工夫红茶熏烟制成小种工夫，称"烟小种"，也叫"假小种"。所以只有产于福建崇安县星村乡桐木关等"正山"产区的小种红茶，才能称为正山小种（也称"桐木关小种"或"星村小种"）。

对于红茶初入手者来说，所谓正山小种的正本清源，同样适用于当今的红茶市场，因为只有正山界定区域内的小种红茶，才可以称为正山小种。目前茶市场上的一些商家都说自己售卖的是正山小种，但事实上这些茶叶的产地很有

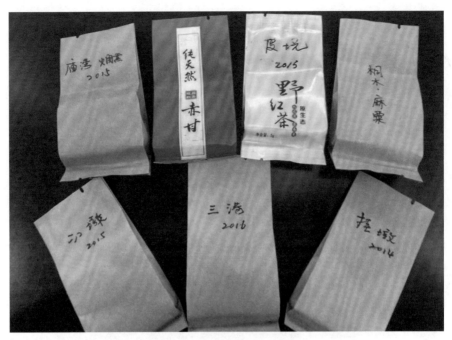

桐木关红茶

武夷山保护区皮坑检查哨卡

可能并不在正山区域内，它们很有可能只是用小种工艺制作而成的小种红茶，甚至只是伪托假冒而已，购买时一定要慎重辨别。

正山小种的兴盛与生产技艺的传播，逐渐演化出了中国的工夫红茶，诸如福建的工夫红茶，即政和工夫、坦洋工夫、白琳工夫等，以及宁红、宜红、祁红、湖红、越红、苏红、滇红、英红等。因当时正山小种与福建其他工夫红茶一同出口，国外茶商开始以福州方言称正山小种为 Lapsang Souchong——"最好的中国红茶"，至今这个名称依然在武夷正山小种出口中沿用。

正山小种，西方红茶文化的发源

17 世纪正山小种刚一销往英国，就因独特的桂圆香气和醇厚的滋味深受王公贵族的喜爱，成为上流社会的一种奢侈品。

当时葡萄牙公主凯瑟琳嫁给英王查理二世时，公主的嫁妆中就带有近二百斤的武夷红茶，以及精美的中国茶具，凯瑟琳公主也因此被称作"饮茶皇后"。据说这位公主每天早上一定要泡上一壶红茶品饮。凯瑟琳开创了英国宫廷和贵族饮红之风气，喝红茶成了风尚；随后安妮女王倡议以茶代酒，更加推动了皇室贵族饮中国红茶的风潮。尤其是 19 世纪 40 年代裴德福公爵夫人安娜公主，以喝茶充饥的偶然之举，开创了英国的下午茶生活方式。

经过三百多年的不断演化，逐步发展出了英国丰富的红茶文化，并在全世界推广传播，英国红茶文化也成为西方红茶文化的主流。

同时在 18 世纪初，晋商们抓住中俄《恰克图界约》的商机，开辟了一条以武夷山下梅村为起点，终至俄国恰克图，长达 5150 千米的运送武夷茶的"万里茶叶之路"，使饮红茶成为俄国人保留至今的生活方式。

正山小种带来了财富，也间接埋下了战争与灾难的根源

正山小种带动的欧洲大陆品茶风潮，在为中国和英国带来巨大财富的同时，也因利益纠纷引发了"英荷战争"。英国获胜后逐渐开始垄断茶叶贸易专营权，这其中也包括美国当时的茶叶贸易。17 世纪末爆发了美国波士顿事件，反英茶党在港口倾倒了东印度公司运来的茶叶，各地纷纷成立抗茶会响应，从而拉开了美国独立战争的序幕。

由于从中国进口红茶的数量迅速增加，英中贸易逆差巨大。为了扭转这一境况，英国人开始向中国输入毒品鸦片，这给中国人民造成了深重的灾难，而虎门销烟的浓烟点燃了鸦片战争的导火索。

鸦片战争的创痛还在继续，英国一个叫罗伯特·福琼的植物学家，将从武夷山采集的茶树种子与树苗，偷偷带上轮船运到了印度的加尔各答。茶种在喜

马拉雅山脉生根发芽，生息繁衍至全世界。而印度和锡兰红茶的迅速后起发力，也是正山小种和中国红茶在国内外盛极而衰的原因之一。

武夷红茶在民国期间产销跌落到谷底，在茶业市场上影响日渐式微，而正山小种虽凭借其品质之美，初期存有一席市场空间，但在1948年时年产量仅有30担。新中国成立后，正山小种生产销售逐渐得以恢复。然而在20世纪80年代初，正山小种与闽红三大工夫因出口创汇低，面临砍留抉择，幸而茶界泰斗张天福提案呼吁，终得以挽救。近些年随着红茶市场回暖，正山小种以其深厚的底蕴，又迎来了新的发展机遇。期待不久的将来，正山小种能够厚积薄发，再次享誉世界。

正山小种红茶的风味特色及鉴赏

外形	条索肥壮重实，紧结圆直，色泽乌黑油润
滋味	滋味醇厚甘滑，以桂圆、干果味为主要特色
香气	带有浓郁的松香气味，香味醇厚。通常存放一两年后松烟香会进一步转换为干果香
汤色	红艳浓醇，呈现淡淡的红褐色
叶底	厚实光滑，呈独有的古铜色
品饮方式	可直接清饮，也可加入牛奶调饮成奶茶；或加入少量白兰地，风味更为别致

正山小种条索及色泽

正山小种茶汤汤色

正山小种原产地范围

根据国家质量监督检验检疫总局的《原产地保护标记管理规定》，正山小种的原产地范围为：东经 117°38′6″～117°44′30″，北纬 27°41′35″～27°49′00″，东至麻栗，西至挂墩，南至皮坑、古王坑，北至桐木关，占地 50 平方千米。这个区域山高谷深，海拔在 1200 米至 1500 米，年均气温 18 摄氏度，年降水量达 2300 毫米以上，相对湿度 80%～85%，大气中的二氧化碳含量仅为 0.026%，春夏之间终日云雾缭绕，雾日多达 100 天以上，气温低，日照短，霜期长，昼夜温差大。

万里茶叶之路

从武夷山下梅村到俄国恰克图，距离 5150 千米，因为路途遥远、环境恶劣、气候多变，商队一次的行程往往要耗时近一年。

全程自武夷下梅村为始，翻过武夷山进入江西铅山，途经河口镇、信江、鄱阳湖、九江口、长江至武昌，转汉水、樊城（湖北襄阳）、秦岭、降州（山西晋城）、潞安（山西长治）、平遥、祁县、太谷、忻县、大同、天镇、张家口、归化（呼和浩特），穿过戈壁沙漠到库伦（蒙古乌兰巴托），最后抵达恰克图，晋商完成与俄国茶商的交易后返回。

而俄茶商从恰克图出发，经贝加尔湖、叶尼塞河、托姆斯克、鄂毕河、伊尔比特、喀山，走莫斯科，再通彼得堡。

电视剧《乔家大院》将"万里茶路"的故事搬上荧屏后，曾一度引发了武夷山茶商赴山西晋中开茶庄，山西万名游客到下梅茶乡寻"源"的热潮。

金骏眉——至臻系出名门

应时而生的名门臻品

传统正山小种虽历史悠久、享誉国内外，但是因世事变迁如今已辉煌不再。而且外销市场又被国外大品牌占据了绝大份额，国内红茶市场一直处于低迷状态，与绿茶、普洱等比起来，红茶不仅价格上不去，更没有一款顶级产品领市。

就是在这样的大环境下，金骏眉应时而生。

2005 年 7 月，正山茶业的创始人、正山小种第 24 代传人江元勋首先与茶厂制茶师傅梁骏德、江进发、胡结兴一道，用采来的芽头成功试制金骏眉，做出来的茶叶汤色金黄透亮、香气浓郁。

而后又经过对品种选择、采摘时间、制作工艺的反复试验改良，金骏眉终于日趋完美，2006 年基本定型，并少量上市，2007 年开始批量订购，2008 年正式投放市场并迅速成为红茶中的佼佼者，备受追捧，当然价格更是不菲。

金骏眉的诞生不仅结束了红茶没有高端顶级产品的历史，同时也让其他传统工夫红茶看到了国内红茶市场的消费潜力和希望，从而带动了红茶市场的升温。不过金骏眉的成功是顺应天时地利

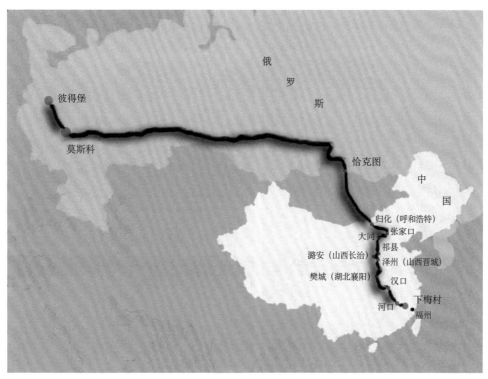

俄
罗
斯

彼得堡

莫斯科

恰克图

中
国

归化（呼和浩特）
张家口
大同
祁县
潞安（山西长治）
泽州（山西晋城）
樊城（湖北襄阳）
汉口
下梅村
河口
福州

万里茶路示意图

人和，并不是一个偶然的事件，所以其他产区茶企如果只是盲目地跟从效仿，也未必会如金骏眉这般功成名就。

命名蕴含丰富深意

金骏眉的命名有其特定的深厚含义，所谓"金"有三层寓意，首先是金骏眉汤色金黄，干茶黄黑相间；二是金骏眉以芽头为原料，制作一斤茶需用七八万颗芽头，原料金贵难得。"骏"是指干茶外形似海马（中药）状，而金骏眉诞生的武夷山自然保护区，也是高山峻岭、环境优异，优良的生态环境造就了金骏眉独一无二的生态品质。"眉"表示金骏眉采用芽头制作，而茶芽又形似眉。金骏眉这三个字象征着它系出名门、为天生贵胄，是茶中可遇不可求的至珍。（笔者注：金骏眉现在为通用名称，其命名含义亦可参见其他茶企释意，如骏德茶业。）

所谓的"金骏眉"大量充斥茶市

由于金骏眉独具的优异品质，一诞生便赢得市场的赞誉。同时也因为正山茶业并没有将金骏眉进行商标注册，于是引来大量的所谓金骏眉产品充斥市场，其高昂的售价与品质极为不匹配。有的厂家的产品用本地或收来的外产区鲜叶，通过相关工艺制作出类似金骏眉的产品，

其中的成品良莠不齐，幸运的话还能遇到品质过得去的；有的厂家或茶叶店直接用其他工夫红茶冒充金骏眉，装入印有标有"金骏眉"字样的包装高价出售，这其中比较好些的所用的工夫红茶条索、色泽还有些接近，差的就不管是什么红茶直接放入包装就当金骏眉卖。

大多数人还是喜欢迎合时尚潮流，什么茶火就跟风去喝什么，其实大都不知道其中的渊源，加上对红茶的了解不多，于是花了很多钱买到的却是山寨的，甚至就是很普通的工夫红茶。更有人攀金附贵，盲目追求高端奢侈风气，不惜花大价钱购买金骏眉去显摆，或作为高档礼品馈赠亲朋。

这其实也从一个侧面映射了国内茶叶市场的一个现状，很多茶企只顾眼前利益，不从长远考虑，去开发产品、培养自己的品牌。茶行业的有序、健康、规范发展还有很长的一段路要走。

目前有的茶人将金骏眉列入红茶体系下的闽红，笔者认为金骏眉应该在红茶体系下单成一类更恰当一些。因为金骏眉的诞生，是对传统正山小种从用料到制作工艺改革和创新的结果，而非闽红类的工夫红茶工艺的创新。

金骏眉的原料首先必须是采摘的芽头，可想而知做出来一斤茶需要多少人力、财力和时间，所以怎么可能有那么大量的甚至廉价的产品上市呢？

因此，对于红茶初入手者来说，金骏眉目前也许只能是可远观与仰望的"女神"，待到对红茶的品尝鉴赏能力达到一定境界后，方能在品饮时领会其中的独特韵味。即使是财力所及，也建议您少安毋躁，平复好奇的心态，先打好基本功夫再品尝也不迟。

金骏眉商标从此不属于正山堂

写这篇文字时，正山堂申请的"金骏眉"商标注册，已被北京市高级人民法院驳回了，法院认为金骏眉已经泛化为一个通用名称，这就意味着正山堂和桐木关的茶人，从此失去了对金骏眉商标的所有权，只能眼睁睁地看着别人利用金骏眉的名称和美誉，在市场上大赚特赚不知情消费者的钱财。

这个审判结果，一方面反映了我们的茶企、茶人还不懂对商标、对知识产权的保护，这也是整个茶行业普遍存在的现象；另一方面也反映了我们的茶企大多都只想着如何去利用别人的创新、技术去赚钱，不尊重、不在乎他人的知识产权，甚至直接明目张胆地窃取利用，不舍得投入资金研发、创新产品，不去长远规划、培养自己的品牌，只为了眼前的利益跟风炒作。

金骏眉的品质特征鉴定

外在品质特征	条索	正品金骏眉干茶条索紧结纤细，圆而挺直，稍弯曲；茸毛密布，有锋苗；身骨重，匀整。而且没有断碎，没有茶梗、茶片混入
	色泽	色泽均匀、油润，金黄黑相间，乌中透秀黄、带有光泽，不含杂物，净度好
内在品质特征	香气	干茶香气清香；热汤香气清爽纯正；温汤（45℃）薯香细腻，有"山韵"；冷汤清和优雅，香气清高持久
	汤色	汤色金黄华贵，清澈透亮，有光泽，金圈宽厚明显，久置有乳凝，浆呈亮黄色
	滋味	清和醇厚，带有甜味，回甘明显持久，品质优，无论热品冷饮皆绵顺滑口
	冲饮	在好水、沸水、快水冲泡情况下，连续冲泡12～13次，汤色仍较好，仍有余香余味，10泡之内都是茶的精华
	叶底	叶底明亮，色如古铜，芽叶肥壮，粗细长短均匀，形如松针，手捏柔软有弹性

（笔者注：如果条索色泽完全金灿灿，或乌黑没有光泽，或者条索粗大不匀，都可以直接断定是山寨金骏眉。有的所谓金骏眉虽外观条索整洁匀称，但是展开叶底会发现是经过掐尾处理的。此外，山寨金骏眉经不起百度高温沸水冲泡，而且只冲泡几次汤色味道就衰减殆尽）

金骏眉的感官评审

名称	评审意见					
	形状	色泽	香气	滋味	汤色	叶底
金骏眉	茸毛密布、条索紧细、隽茂、重实	金黄黑相间，色润	复合型花果香、桂圆干香、高山韵香明显，且有红薯香	滋味醇厚、甘甜爽滑、高山韵味持久、桂圆味浓厚	汤色金黄、浓郁、清澈有金圈	呈金针状、匀整、隽拔、叶底呈古铜色

金骏眉条索及茶汤色泽

坦洋工夫、白琳工夫、政和工夫
——闽红比肩三姝

坦洋工夫，同龄世博
胡氏创立坦洋工夫的传说

清咸丰、同治年间（1851—1874年），有茶商自建宁来福建坦洋村收茶，同时也把武夷山制作红茶的技术传授给村民。当时村子里有位叫胡福四（又名胡进四）的村民，用当地产的优质茶树"菜茶"试制成了红茶，并创办万兴隆茶庄，以"坦洋工夫"茶标，外销荷兰、英国等国家和地区。

关于坦洋工夫诞生的过程，还有一段神奇的故事。相传清朝咸丰元年，坦洋有位姓胡的茶商外出做生意，一天他夜宿客栈时，见一位来自建宁的茶客身患疾病，上吐下泻。胡姓茶商热心相助，泡了一壶坦洋出产之茶，并加上生姜、红糖，让茶客喝下后，茶客竟很快好转康复。为报答胡茶商之恩，建宁茶客传给他一门独家的红茶制法。胡氏回坦洋后照法一试，发现做出来的茶品质果然不凡，外人品过，也赞不绝口，胡姓茶商便给这种红茶起名叫坦洋工夫，在自己的茶庄售卖后立刻名扬四海。

有关坦洋工夫的传说，其真实性无法考证，但坦洋工夫自诞生起立刻风靡世界却是不争的事实。

曾在巴拿马万国博览会尽享荣耀

坦洋工夫被东印度公司运到英国后，便在上流社会备受青睐。史料载，咸丰年间"会英商购买华茶，以坦洋出产为最"，至清同治"遂翕然称颂岛外"。坦洋工夫曾一度成为英国皇室的御用红茶，英女王曾赐予坦洋茶商一把和扇，成为"一扇屏风"的典故。

1915年，坦洋工夫在巴拿马万国博览会上，以其优异的品质征服了世界，荣获博览会金奖，跻身世界名茶之列。

坦洋工夫的名声不胫而走，之后，各地茶商接踵而至，纷纷云集坦洋村，并开设茶行，每逢春季"工兮商兮，熙熙攘攘"。自光绪六年至民国二十五年（1880—1936年）五十余年间，坦洋工夫远销荷兰、英国、日本、东南亚等二十多个国家和地区，茶叶出口及创收外汇达到了空前的高峰，当时民谚云："国家大兴，茶换黄金，船泊龙凤桥，白银用斗量""木桶装茶银，满街叮当响"。当时世界各地寄往坦洋的信件，地址只要写上"中国坦洋"就能保证邮到。

抗日战争爆发后，坦洋工夫销路受阻，生产同时也遭严重破坏，同国内其他红茶一样，坦洋工夫就此跌入低谷辉煌不再。

迈向品牌复兴之路

20世纪50年代中期，坦洋工夫红茶逐渐恢复、提高品质和产量，到1960年产量曾创历史最高水平。但20世纪70年代茶市风云变幻，坦洋茶区由"红"改"绿"，坦洋工夫每年仅小规模生产。

2004年后坦洋工夫终于迎来发展的春天，茶业被列入坦洋市重点产业。2006年，福安市委、市政府确定恢复和打造"坦洋工夫"品牌的战略目标。坦洋工夫从2007年起相继获得"福建十大名茶""国家地理标志保护产品""国家证明商标""申奥茶"等荣誉。2013年，新坦洋牌坦洋工夫再次荣获"巴拿马国际博览会金奖"。但以目前国内外红茶市场的状况与格局，坦洋工夫重回世界舞台再创当年风光的品牌复兴之路还要走很长时间。

坦洋工夫之乡

"白云山下坦洋乡，小武夷名不妄扬"，诗中说的便是坦洋工夫发祥地、坦洋工夫之乡，福安市坦洋村。

坦洋村位于社口镇西部，白云山东麓，村名最早见于清乾隆《福宁府志》（1762年），因村落地貌形如长块木板，又称为"板洋"。坦洋村山清水秀、远近茶园碧绿，"坦洋十景"引人入胜。村内仍保留着当年的古茶行、廊桥、胡氏祠堂等清代风格建筑，被评为省级历史文化名村。独特的地理环境，悠久的制茶历史和深厚的茶文化积淀，赋予了坦洋工夫优质独具的深厚底蕴。

坦洋工夫就是于此秀美山野，吸云雾之仙、汲甘泉之灵，得以成为天地灵草、草木英华。每到采制红茶的季节，茶区内家家采茶、户户制茶，真可谓"风烟团一市，茶香绕千家"。

坦洋工夫红茶产区示意图

坦洋工夫的特征鉴赏

外在品质	条索	紧结、圆直、匀整
	色泽	乌润、光泽，毫金黄
内在品质	香气	清鲜、高爽
	汤色	红艳、清澈、明亮
	滋味	甜香浓郁
	叶底	红匀光亮

坦洋工夫
条索及
色泽

坦洋工夫
茶汤色泽

白琳工夫，秀丽皇后

秀丽皇后

20 世纪 30 年代的某天，福鼎合茂智茶行的老板袁子卿，在街上偶然遇到一个沿街卖茶的茶贩，他发现茶贩卖的红茶有问题，仔细观察原来是本想用来做白毫银针的茶青，因为处理不及时变得发红，于是茶贩就用来冒充红茶卖掉。

袁老板感觉茶青发红的色泽与祁红相似，于是决定把所有茶青买下，回去尝试看能否做出品质和祁红一样的红茶。最后经过袁子卿的一番精心制作，用茶青做出的红茶香气优雅馥郁、滋味浓醇隽永。袁老板把做好的五十多箱红茶，运到福州茶行售卖，被来华收茶的外商以高价收购。该茶因为汤色、叶底艳丽红亮又被称之为"橘红"，意为橘子般红艳的工夫，其品质独特出众，被中外茶师誉为"秀丽皇后"。

其实在袁老板用福鼎大白茶细嫩芽叶精制成工夫红茶的七八十年前，白琳工夫就已经远销海外、香飘世界了。只是一直以来，白琳工夫都是用当地的"菜茶"鲜叶为原料制成的。起初人们认为白茶与普通茶树不同，叶厚且有茸毛，很难揉制发酵，即使做成红茶价格也不如银针，于是无茶人去特意尝试。直至合茂智茶袁子卿的偶然之举，才开创了白琳工夫制茶的新时期。

据史料记载，白琳工夫兴盛于 19 世纪 50 年代前后，迄今已有 150 多年的历史。当时，每值新春都有来自泉州、厦门的"南帮"客商，和来自广州、香港的"广帮"客商，把白琳作为经营工夫红茶的集散地，通过茶行将福鼎以及平阳、泰顺等地的红条茶大量收入，再标准精制后远销海外，白琳工夫因此闻名于世。据说英国女王喝了白琳工夫后赞不绝口，特地书信一封到白琳，赞赏白琳工夫。

福鼎白琳镇翠郊村的一座有着二百五十多年历史的古宅，以及古宅旁的那条官道，堪称是白琳工夫百年辉煌的一个见证。古宅的主人茶商吴氏，曾靠经营白琳工夫发家而富甲一方，他为四个儿子各建了一座宅第，翠郊的古宅就是送给儿子的。据说当年刘墉随皇帝微服私访时曾到过翠郊，在吴家的茶楼与吴氏不期而遇并结下深厚情谊，还曾书写了一副对联送给吴家："学到会时忘粲可，诗留别后见羊何"。

兴衰起伏

一百多年来，白琳工夫在大时代背景的影响下，产销历经起落兴衰，总的来说可以划分为发端兴盛、由盛转衰、由衰转盛和兴盛式微四个大的阶段。

发端兴盛期是在清代至民国之前，据相关资料记载，清光绪年间，福鼎出境红茶 2 万箱，每箱 500 两，远销上海等地。

在民国初期由盛转衰，白琳工夫年产值还不足百万元。

民国中期至新中国成立前开始由衰转盛，主产区白琳、点头等地茶业十分兴旺，白琳工夫大量外销港澳地区及欧美各国，并经满洲里转运销往苏联。但到了新中国成立前夕，总产量下降到仅为一万担。

新中国成立后，不仅在产区大力推广机械制茶，而且在传统工艺基础上进行改进提升，大大提高了白琳工夫的质量和产量。

20世纪50年代，白琳工夫曾在全国工夫红茶评比中，以优异的品质荣获季军。

20世纪50年代到70年代末，白琳工夫和国内其他产区的红茶一样，实行国家"统购统销"；20世纪80年代起，我国红茶产业开始由计划经济向市场经济转换，白琳工夫和闽红坦洋、政和工夫产销大幅下降，几欲被退市。近十年间虽然国内红茶逐步升温，但是白茶的热炒，再次使得市场上难觅白琳工夫之踪，这不能不说是一种尴尬无奈的境况。

优质天成

白琳工夫发源地白琳镇，位于福鼎太姥山山麓。太姥山山势峻拔、层峦叠嶂，气候温暖湿润、雨量充沛，且土质肥沃，属酸性砾质土壤。这里的茶树根深叶茂，饱受阳光雨露滋润，芽叶富含芳香物质，因此能制成极品好茶。白琳工夫优异品质的形成，与独特的自然环境有着紧密的关系。

制作白琳工夫的茶树，亦是当地的优良品种福鼎大白茶与福鼎大毫茶，它们因生长在太姥山良好的生态环境中，含有丰富的有机质和微量元素，叶张肥厚、柔软、多茸毛、萌芽早、产量高，为制作出色白琳工夫提供了优质的茶叶原料。

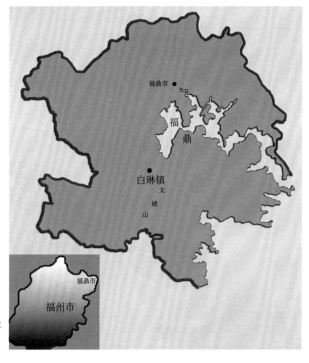

白琳工夫红茶
产区示意图

白琳工夫的特征鉴赏

外在品质	条索	紧结纤秀、锋苗显露
	色泽	乌黑油润,显金毫
内在品质	香气	清鲜甜和、持久,有果香
	汤色	红艳明亮,显金圈
	滋味	醇和隽永
	叶底	匀整嫩软

白琳工夫
条索及
色泽

白琳工夫
茶汤色泽

政和工夫，仙岩仙茶

仙岩工夫的传说

南宋时福建政和县锦屏村（明朝称遂应场）因盛产银矿，云集了各地的商贾、矿工。一天一位仙翁云游至此，见村里生长着许多茂盛的野茶树，于是化作乞丐入村准备品一品香茶。可是当他向一范姓村妇讨茶喝时，村妇端出的碗中装的却是白开水。乞丐很生气，以为村民太小气，连一杯茶水也不舍得给。但村妇告诉他村里人都喝的是白开水，没有茶饮。乞丐这才明白虽然村里长了那么多好茶树，可村民却不知茶为何物。

乞丐把村妇带到一条岩沟下，指着岩缝中的茶树，给她讲解如何辨认茶叶，并教村妇如何采摘鲜叶和初制方法，然后老翁飘然而去。范氏按照仙翁教她的方法，把采集的嫩叶做成茶，冲泡之后只觉芳香扑鼻，饮后更是神清气爽。后来村民都学会了仙翁教的做茶方法，于是就把产茶的高山叫作仙岩，把用仙岩山上茶树做出来的茶称为仙岩茶。后来仙岩茶的制作工艺经过不断改进，越来越精细，制作颇费工夫，人们就把它称作"仙岩工夫"。

这就是政和工夫的传说，不过关于政和工夫的起源，另有一个可考证的创制过程。

18世纪中后期，正山小种红火后，其制作工艺开始从武夷山向外传播，1826年锦屏村的一位姓叶的制茶大户，将传到政和的小种红茶制作技术的烟熏工艺进行改进，用仙岩山的小叶种茶为原料，做出了一种口感鲜香的红茶，充当武夷红茶到武夷山售卖。当年小种产区外仿制品已经大量出现，所以叶氏的做法也不意外了，但没想到的是这种仿冒红茶居然卖了五十年才被一位来自江西的赵姓茶商发现，他觉得这种没有烟熏味的红茶口感、香气很特别，非常有市场空间，于是寻访到了原产地遂应场，投资制作、经营这种红茶，并将其正式命名为遂应场仙岩工夫。

兴衰起伏的 150 年发展史

仙岩工夫声名鹊起后，在茶市上成为标志性的产品，相传福州茶行每年一定要等到仙岩工夫到货，才正式开市。茶箱凡标有遂应场仙岩工夫的茶叶，福州茶行见货运到，不论何商号何产地与数量，一概全部买下。英德等国商家，对仙岩茶包购包销，有多少要多少。

而仙岩工夫的热卖也使锦屏村变成了红茶的生产贸易基地，全村有二十多家茶庄，生产的茶叶源源不断出口海外，远销俄、美、德及东南亚各国。

遂应场仙岩工夫以其纯正优良的品质，在 1915 年的巴拿马万国博览会荣获金奖，1930 年 5 月又一次荣获巴拿马万国博览会金奖。此外，在国内红茶评比、茶王赛中，政和工夫更是屡获各种大奖、金奖。

政和红茶红火后，就像正山小种被大量仿造一样，市场上也出现了仙岩工夫冒牌货。为了打假维护权益，当时遂应场的一家叫万先春的茶庄在 1926 年印刷了一份"打假声明"，在外商中传发告知：

我们 WAN EU CHUN 茶厂已在遂应场建厂百余年，收购并加工驰名中外的"锦屏仙岩山"上采摘下来的茶叶。

这款品质一流的、商标为"HOP WO"的红茶是在特定的条件及我们的指导下，由经验丰富的工人师傅经过细致的采摘、分类、炒青及筛分等多道工序制作而成的。因此，其品质及风味都极其纯正精良，深得顾客满意。

听闻有不诚实的商人向国外市场供应假冒的茶叶产品，我厂现特为我们的茶叶产品注册了"茶树"商标。现告知顾客，凡我厂所生产的茶叶，其包装上必有此商标。

这份打假声明也从一个侧面反映了政和工夫红极一时的状况。

回顾我国红茶的历史变迁，政和工夫也和其他茶叶一样，经历了同样的起伏兴衰，而且原因也都那么相似。辉煌不再后，到新中国成立前夕，政和工夫的年产量从 19 世纪中期的 500 多吨，一下跌落至 50 吨。虽然经逐步恢复发展，产量提升到数百万吨，但 20 世纪 70 年代的"红"改"绿"又使政和工夫的产量跌回新中国成立前的水准。到 20 世纪 80 年代时，政和工夫基本停产了。2000 年后政和工夫重回市场，走上崛起之路，除产量迅速提升外，同时在国内的各项

茶赛上多次载誉而归。但是比起闽红的坦洋工夫和白琳工夫，政和工夫近几年的发展似乎要略逊一些，至少目前在北京马连道，几乎还难见其踪，这不能不说是红茶爱好者的一大遗憾。

优越的自然条件与优异的红茶品质

政和位于鹫峰山脉西北侧，而锦屏村坐落在政和县的北部高山地带，海拔八百多米。政和工夫的产区内高山丘陵起伏，河流溪水交错，树木茂密繁盛，气候温和多雨；土壤以红、黄壤为主，土层深厚、土质疏松，肥沃且带有微酸性，为优质茶树的生长提供了优越的自然条件。

政和工夫最初用当地的小叶种制茶，清光绪年间改为以政和大白茶良种为原料制作，使品质得以进一步提升，一经问世即享美誉。精湛的工艺更造就了政和工夫形态匀称、毫心显露、香高、味浓、汤红的特色，高端产品浓郁芳香，隐约之间的香气颇似紫罗兰香。

仙岩工夫以仙岩大叶茶制成，色香味俱佳，是政和工夫的上品。

政和工夫红茶产区示意图

政和工夫的特征鉴赏

外在品质	条索	紧结、肥壮重实
	色泽	黑褐油润，显金毫，呈颗粒茸球状
内在品质	香气	鲜浓，高端产品有紫罗兰香气
	汤色	红浓
	滋味	醇厚甜爽
	叶底	红艳明亮

政和工夫条
索及色泽

政和工夫
汤色

宁红工夫——盖中华，高天下

先有宁红，后有祁红

传说唐太宗李世民征讨天下，一次带军途经义宁州漫江即今江西修水漫江时，忽身体染病卧床不起，后来服用了当地百姓自制的茶药，病体立刻转安，遂赐名茶药"宁红"。在宋代、元代文人茶客的诗歌里，也都曾留下记载"宁红"茶的诗句，这让宁红诞生的年代变得有些扑朔迷离。

不过按照中国茶史考证，宋元时期并没有真正意义上的红茶，红茶正式定型是在清朝，而宁红准确的问世时间，应在清道光年间（1821—1850 年），据《义宁州志》（当时修水县属义宁州）所载："清道光年间，宁茶名益著，种莳殆遍乡村，制法有青茶、红茶、乌龙白毫、茶砖各种。"清人叶瑞延在《纯蒲随笔》中写道，宁红起源于道光季年（1850 年前），江西商人在义宁州收茶，教授当地少数民族如何制作红茶。

当地茶圣吴觉农曾评价说，宁红是红茶最早的支派，宁红早于祁红九十年，先有宁红，后有祁红。

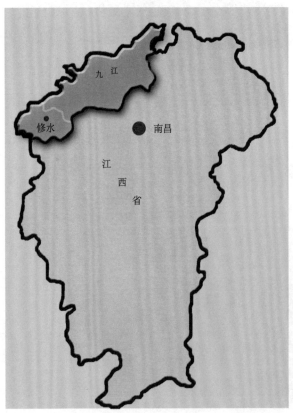

江西修水宁红产区示意图

宁红的条索及色泽

宁红的汤色

唐太宗赐名只是一个传说，宁红之所以被称作"宁红"，有两种较为客观的说法，其一是指宁红发源于修水县的漫江乡宁红村，因村名而得名宁红；另一种说法是，宁红产于分宁，分宁主产区在修水，而当年修水与武宁隶属同一个县辖，因此得名宁红。

茶盖中华，价高天下
宁红在中国红茶史上书写过一页辉煌的篇章。
清朝时期宁红备受俄罗斯商人青睐，大量出口，俄罗斯王子品饮后赞不绝口，书赠横匾誉其为"茶盖中华，价高天下"。

之后的二十年间宁红达到了巅峰时期，产销创下了近万吨、超千万元的纪录，占到江西全省农业产值的五成。在中国红茶外销转港的香港口岸，曾流传着"宁红不到庄，茶叶不开箱"的说法，从一个侧面反映了宁红的红火程度。

宁红同我国其他红茶的命运相似，也曾有过几番跌宕起伏。1935年修水尚有14余万亩茶园，到新中国前夕种植面积仅剩2万多亩。新中国成立后经过政府的扶助引导，修水的茶园面积逐年增加，1983年宁红恢复出口，到1985年共出口71.03万担。20世纪80年代宁红多次在评比中荣获国家级奖项。在传统宁红基础上研发创新的宁红保健茶，曾在国内外市场热销。当代茶圣吴觉农，曾先后三次为宁红题词赞誉。

进入20世纪90年代，宁红毛茶的收购处于停滞状态，到2000年初，乡村茶场茶园面积缩减严重，传统宁红工夫逐渐淡出人们的视野，变成老茶人记忆中的名茶。

国内红茶市场的回暖，也赋予了宁红新的产业发展契机，相关系列惠茶政策陆续推出，产地、新品屡获国内外殊荣，产品不断研发创新，品质、产销量大幅提升，对外宣传推广逐步加强，宁红正迈步走在复兴之路上。

杯底菊花掌上枪

美国学者威廉·乌克斯所著的《茶叶全书》中这样描述宁红：宁红外形美丽、紧结、色黑、水色鲜红，在拼和茶中极有价值。修水所产红茶，为名贵之拼和茶，外形灰色，而有芽尖，条索紧密，汤色佳良。

宁红除常见的条形茶外，还有一种龙须茶，被称为"杯底菊花掌上枪"。龙须茶呈束形，因身缠彩线形似龙须而得名。它的兴起时间几乎与宁红相同，早年出口的第一批宁红的箱面上都要放上若干把龙须茶，作为彩头和标记。

宁红的优异品质，当然也离不开产区独特的地理环境和气候条件。宁红的修水等产区位于江西省西北部，北抵幕阜山脉、南临九岭水脉，山林苍翠、土质肥沃、雨量充沛、气候温和，非常有利于茶树的生长。

宁红的特征鉴赏

外在品质	条索	紧结匀整、苗锋修长
	色泽	乌润
内在品质	香气	甜香、高长
	汤色	红亮
	滋味	醇厚甜和
	叶底	明亮、红匀

宜红工夫——杰出"高品"之誉

"高品"宜红

当年因为外销贸易，宜昌、恩施等主产地的红茶都要汇集到宜昌加工中转汉口外销，久之得名宜红。

据记载，宜昌红茶问世于清道光年间。广东茶商钧大福到鄂西五峰渔洋关传授红茶采制技术，并设庄收购精制红茶，运往汉口再转广州出口。随着外销的宜红越来越受青睐，粤商以及江西、汉阳等地的茶商纷至沓来，采办红茶、开设庄号。清《鹤峰县志》载：到鹤峰采办红茶，泰和合、谦慎安两庄号在五里坪精制，由渔洋关运至汉口，洋人称

之为"高品"。1850年俄商开始在汉口收购茶叶，并在汉口出口。

在19世纪七八十年代，宜红迎来辉煌的十年。当时宜昌被列为通商口岸，宜红出口量迅猛增长，渔洋关成为与羊楼洞、汉口齐名的湖北著名茶市，每到茶季商贾茶客云集、茶香四溢、货船首尾相接如长龙一般，宜红被源源不断地顺着水路远销海外。

1951年，因中苏贷款协定，红茶成为重要的出口物资。国家在宜昌、五峰设立精制茶厂，专做宜红的精制加工。1954—1956年外销苏联及东欧各国的红茶供不应求，湖北发起了"绿改红"运动，以宜昌、建始为重点开始全面推进，并成立了红茶改制大队。滇红之父冯绍裘曾被

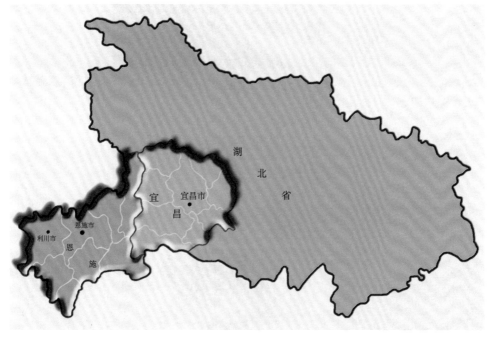

宜红产区示意图

委派在宜昌指导改制，并创立了红茶精制新工艺，为宜红的发展做出了特殊的贡献。20世纪70年代中期，由于中苏关系变化及国内市场需求趋势，宜昌、恩施又纷纷"红改绿"，宜红自此走向低俗。

地灵茶杰

在陆羽的《茶经》中，曾把宜昌的茶列为第一，这是因为宜昌、恩施所在的鄂西山区多崇山峻岭，山林茂密、河流纵横、气候温和、雨量充沛，具有得天独厚的生长优质茶树的生态环境，而且当地土壤肥沃，大部属微酸性黄红壤土，非常适宜茶树生长。

宜红条索及色泽

宜红汤色

通过初制和精制工艺制作出的宜红，品质堪称优异，曾荣获各种名优产品殊荣，远销英国、美国、法国、德国、俄罗斯等国外市场，备受赞誉。据湖北《慈利国志》中评述："鹤峰帮者西贡品，其与宁都同为尚第一，中外驰名。"由此可见，宜红在国际市场上早就享有较高的声誉了。

品牌之路

我国著名的各大工夫红茶，几乎都有着辉煌历史，这其中当然包括宜红。但宜红同其他工夫红茶一样主要针对出口，以致国人大都不知道它，更别说去品饮了。所以即使在北京马连道如此超级规模的茶城中，宜红的身影也极少见。

因国外红茶进入与近几年金骏眉热的触动，国内茶厂纷纷开始发力红茶内销，曾在京打了广告的来自宜红恩施产区的某品牌红茶产品，在 2013 年北京春季茶博会期间，还带了若干款红茶产品参展。据说之前他们的宜红也是出口外销，目前在做自己的品牌，但产量不高，而且主要针对国内高端市场。

如今国内的红茶市场还处于培育阶段，像宜红工夫等知名度较低的品类尚需在消费人群中普及传播，所以对于高端消费这部分市场，笔者认为还是要审慎对待。就像宜红这个名字一样，不管做什么红茶，只有适宜目标人群的真正需求，才能在市场上红火起来。

宜红的特征鉴赏

外在品质	条索	紧细，有金毫
	色泽	乌润
内在品质	香气	香气高长
	汤色	红亮，冷后浑
	滋味	鲜醇
	叶底	红亮

祁红工夫——祁门香，群芳最

祁红的传说

相传清末的某年春天，祁门历口镇的茶农们都在忙着采茶做茶。一天午后，老汉吴志忠带着从山上采的百余斤鲜叶往回赶，可是到了家发现鲜叶全都被捂红了。老汉觉得把鲜叶都扔了太可惜，于是就死马当作活马医做成了茶。可是等他把茶做出来后更无奈了，茶条全部呈乌黑色。吴老汉把茶挑到茶庄去卖，可是茶商都当作是变质的绿茶，根本不收。老汉无奈只好往回走，准备留着自己喝。

正在这时迎面过来一名传教士，看到老汉挑的茶叶很奇怪，就问这是啥东西。老汉心中郁闷，便没好气地回答说："乌龙。"传教士来了兴趣，非要细看不可，老汉无奈只好任其查看。传教士看完茶条后，又抓起一撮放进嘴里咀嚼，觉得滋味鲜爽，于是兴奋地大叫道："乌龙，好茶啊，快都卖给我！"老汉有些不相信，于是要了比绿茶还高几倍的价格，传教士居然也不还价，掏钱全部买了下来，而且许诺老汉说，老汉的所有乌龙茶他都愿意买下。

吴老汉回到家里，把好消息告诉了家人。第二天全家人按照老汉的回忆过程，一起上山采鲜叶把它们捂红，再仿

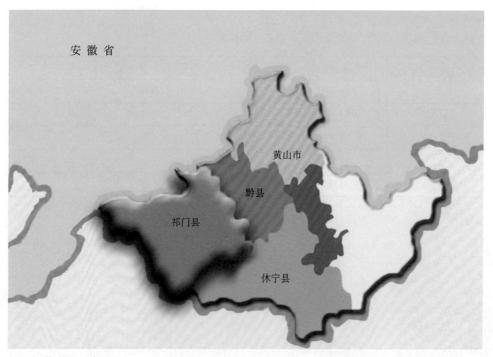

祁门红茶产区示意图

照头天的方式做茶，果然乌龙茶又一次做了出来。村里乡亲得知消息后都赶来观看，大家见乌龙茶褐里透红，茶汤也红艳艳的，于是有人提议："既然茶汤也是红色的，就叫祁红吧，总比叫乌龙好。"老汉觉得这个名字不错，乡亲们也开始效仿制作，于是祁红就这样诞生了。

创始人究竟是谁？

祁红，亦即祁门工夫红茶，历史上关于它的创始人与创制过程，有着三个不同的版本，分别是"胡氏说""余氏说"和"陈氏说"，而目前比较被认同的是前二者，以及由二者综合演绎的一个猜测。

胡氏说是根据清朝的大清 119 号奏折而来：安徽改制红茶，权兴于祁、建，而祁、建有红茶，实肇始于胡元龙。胡元龙为祁门南乡贵溪人，于咸丰年间即在贵溪开辟荒山五千余亩，兴植茶树。光绪元年、二年，因绿茶销路不畅，特考察制造祁红之法，首先筹资六万元，建设日顺茶厂，改制红茶，亲往各乡教导园户，至今四十余年，孜孜不倦。

余氏说据《祁红复兴计划》（1937年出版）所载：1876年余某（余某即余干臣）来祁设分庄于历口，以高价诱园户制造红茶，翌年复设红茶庄于闪里。时复有同春荣茶栈来祁放汇，红茶风气因此渐开。

陈氏之说始见于《杂记》一书，但此书逸失至今无考，所以持此说者不多。

虽然胡氏说与余氏说的来源不一，但二者关于祁红创制的年份都可以确定为 1875 年，因此胡云龙的后人胡益谦先生将二者的信息综合，提出了自己的观点，他认为，余干臣当年建议祁门仿制红茶，但当地人守旧无人去做，而胡云龙第一个响应自办茶厂试制红茶，祁红这才诞生。

祁红最初叫"乌龙"

如传说中一样，祁红最初被称作祁门乌龙，在民国时期，茶号、茶箱也都将祁红标名为"祁山乌龙""祁门乌龙"。

之所以叫乌龙，跟祁红的产地有些许的关联。祁门虽为祁红主产区，但在安徽东至、石台、贵溪及江西浮梁（景德镇）也都有祁红生产。1949 年以后，安徽祁门、东至、贵池等六县所产的红茶，统称为"祁红"，而江西浮梁、鄱阳和乐平所产的红茶，则被命名为"浮红"。1959 年后，祁门之外的红茶改名为"池红"。到了 1984 年，仅祁门所产的红茶才可称为祁红，其他产区所产红茶统称为"安徽红茶"。2007 年安徽省农委确定的祁红原产地域，包括祁门、石台、贵池、东至、黔县境内。

生态、气候优势造就的优质

武夷山脉、天目山脉和黄山山脉，是中国盛产名茶的著名三大山脉，而祁红的产区祁门、石台、东至、黔县就坐落在黄山西脉，那里山峦起伏、河水溪流奔涌、森林馥郁、植被茂盛，而作为国家级生态示范区的祁门，被誉为"九山半水半分田，包括土地和庄园"。

除了生态环境外，祁门茶区的气候特点尤利于茶树生长，茶区范围内的光照、水分、温度、湿度等综合因素，为茶树的生长繁育、茶叶产量及芽叶中的营养成分的积淀，提供了极其适宜的气候条件。

此外茶区的土质肥沃，土壤主要为

茶的芽叶

黄土和红黄土，酸度适宜，透气性、透水性和保水性较优，这也是保障祁红上乘品质的不可或缺的因素之一。

山坡上的茶园

祁门香，群芳最

祁红因独具的似花、似果、似蜜的"祁门香"闻名于世，与大吉岭、锡兰乌瓦并列为世界三大高香红茶，有"群芳最"之美誉。

祁红自诞生之始便以其优异的品质和独特的风味蜚声国际市场，曾于1915年荣获巴拿马万国博览会金奖，1987年祁红首度在新中国成立后走出国门，荣获布鲁塞尔第26届世界优质食品评选会金奖。此外祁红更是数次在国家级的评比中，赢得金奖或优质产品荣誉，被列为中国的国事礼茶招待各国贵宾。邓小平同志视察黄山时曾赞誉"你们祁红世界有名"。

祁红的美誉不仅源于祁门茶区的环境气候、优良的"祁门种"茶树，更来自稳定的制茶工艺。20世纪30年代，由当代茶圣吴觉农定下的制茶工艺，至今依然被严格执行，分级也是按照20世纪50年代的方式，分为国礼、特茗、毫芽A和B，及一级到七级。

不过祁红与其他中国红茶一样，几乎都经历了兴衰跌宕、低谷重生的过程。从清末民国初"一品官、二品茶"的鼎盛，到近代特殊历史背景时期的萧条，再到新中国成立后的逐渐恢复发展；而20世纪90年代，祁红又一次遇到了因市场变化带来的空前挑战，历经风雨沉浮。虽然目前祁红开始步入一个新的发展阶段，但与国内其他红茶一样，要想走向振兴之路依然面临着诸多的困难与挑战。

祁红的特征鉴赏

外在品质	条索	紧细匀整、锋毫秀丽
	色泽	乌润
内在品质	香气	馥郁、持久，上品具兰花香、果香（祁门香）
	汤色	红艳、明亮
	滋味	甘鲜醇厚
	叶底	鲜红明亮

祁红条索
与色泽

祁红
茶汤
汤色

祁红
叶底

湖红工夫——非安化号不买

安化，湖红的发源之地

提起湖南的名茶，人们首先想到的几乎都是安化黑茶。可是鲜有人知道，安化也是红茶的故乡。

清朝时期因中国红茶蜚声世界，茶产区湖南也顺应时代变化，开始改制红茶。据《同治安化县志》(1871年)记载："洪（秀全）杨（秀清）义军由长沙出江汉间。卒之；通山茶亦梗，缘此估帆（指茶商）取道湘潭抵安化境倡制红茶收买，畅行西洋等处。称曰广庄，盖东粤商也。"同治《巴陵县志》(1872年)有载："道光二十三年（公元1843年）与外洋通商后，广人挟重金来制红茶，农人颇享其利。日晒，色微红，故名'红茶'。"又据《平江县志》所载："茶，邑产颇多，有茶税。道光末红茶大盛，商民运以出洋，岁不下数十万金。"

平江仿制红茶约在1847年之前，随后相邻的长沙、浏阳等地也开始生产。1854年有广东商人进入安化设厂，与当地茶农合作制造红茶，于是产区进一步扩展到新化、桃源等地。

而湖红的代表安化红茶进入国际市场与广东茶商密切相关。据当代茶圣吴觉农考证，清道光二十年（1840年），英国在广东的对华贸易中茶贸易占了很大比例，但两广产茶量不足，于是广东茶商在转入湖南寻找货源的过程中，教

授安化人制作红茶，随后周边其他县乡也纷纷效仿，并经广东商人之手将安化红茶远销国外。

安化红茶初入国际市场时，曾被商人冒充武夷红茶卖给外国人。据同治《安化县志》载："方红茶之初兴也，打包封箱，客有称武夷茶以求售者。熟知清香厚味，安化固十倍武夷，以致西洋等处无安化字号不买。"当年安化红茶的火爆程度可见一斑。安化红茶兴盛后，带动了湖南兴化、汉寿、醴陵、浏阳、平江、长沙等产区红茶的生产，从而形成了湖红的传统茶产区。据《平江县志》载："上自长寿，下至西乡之晋坑、浯口，茶庄数十所，植茶者不下二万人，塞巷填街，寅集西散。"

茶界大师为传承创新所做贡献

19世纪末20世纪初，中国红茶在内忧外患下日益衰落，湖红也难以幸免。茶厂关闭、茶业凋零，直到1949年之后才开始慢慢恢复。

湖红之所以能在新中国成立前后有所发展，除了广大茶人的辛勤努力外，两位红茶界泰斗冯绍裘与黄本鸿，在红茶制茶技艺的传承与创新方面更是做出了特殊的贡献。

滇红之父冯绍裘曾自1924年起的十余年间，在湖南的茶叶讲习所培养了一批制茶技术人员，并编写了《茶树栽培》《红绿黑茶制造法》等技术参考书籍，供技术人员借鉴学习，同时他设计

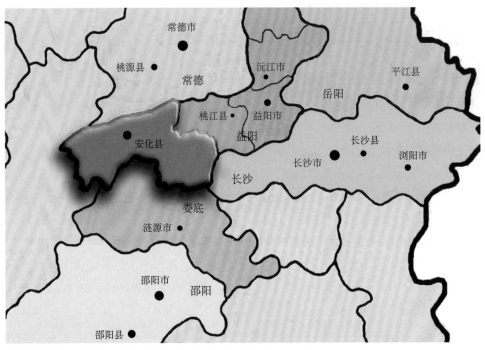

湖红安化产区示意图

的揉茶机和烘茶机，开创了安化茶区机械制茶之始。

黄本鸿曾任第三农事实验场安化茶场主任兼技师、精制示范厂厂长等职位，新中国成立后担任湖南安化红茶厂（安化茶厂前身）首任厂长，在制茶机械、改进精制工艺等方面颇有建树，所著《红茶精制》一书，成为新中国首部红茶精制方面的专著。

品质形成与特点

湖红的主产区安化一带，位于湘中地段，地处雪峰山脉、资江之中游。桃源产区地处武陵、雪峰两山余脉，有沅水经流。平江、浏阳产区，位于湘之东北，处幕阜山脉之南端，有汨水、昌江及浏阳河贯穿全境。产区内四季分明，属亚热带季风湿润气候。土壤为红黄土呈微酸性，适宜优良茶树的生长繁殖。吴觉农先生认为湖红产区不但可以生产同祁门和宜昌一样的高香红茶，还可以栽培和发展与云南相同的国际著名大叶种红茶。优越的生态环境加之当地丰富的制茶经验与精湛的制茶技艺，共同成就了湖红的不凡品质。

湖红工夫中以安化工夫为代表，外形条索紧结尚肥实，香气高，滋味醇厚，汤色浓。平江工夫香高，但欠匀净；新化、桃源工夫外形条索紧细，毫较多，锋苗好，但叶肉较薄，香气较低；涟源工夫系新发展的茶，条索紧细，香味较淡。

此"湖红"非彼"湘红"

另外要特别一提的是，湖红工夫与湘红工夫是两种工夫红茶，并非同茶异名。通常湖红是指主产区在安化、桃源、涟源、邵阳、平江、浏阳、长沙等地的工夫红茶，而主产区位于石门、慈利、桑植、大庸（张家界）等地的则称为湘红。而且湘红的产区在地理位置上接壤湖北的五峰、鹤峰等地，严格划分的话，应归入宜红范畴。在湖南平江长寿街及浏阳大围山一带所产的红茶，因与江西修水毗邻，应归属宁红类中。

湖红的特征鉴赏

外在品质	条索	紧结、肥厚（新化、桃源工夫，条索紧细，多毫，锋苗好）
	色泽	黑润
内在品质	香气	香高持久
	汤色	红浓明亮
	滋味	醇厚
	叶底	匀嫩、红稍暗

湖红的条索及色泽

湖红的茶汤色泽

苏红工夫——江南创汇明珠

始自清朝

江苏制作红茶的历史可以追溯到清朝，当时红茶工艺由紧邻的浙江传入苏南茶区的宜兴、吴县等地。

20世纪40年代，宜兴已成为最大的红茶产区，茶园主要分布在洑东、川埠、归径等地。当时苏红产品的命名是根据当地地名、品质和季节等因素，如吴县西山生产的叫西山高前红。

不由自主

苏红名称的确定是在20世纪50年代。当时为了偿还苏联外债，国家鼓励生产红茶，江苏成为新开辟的红茶产区，所生产的条形的毛茶产品，统一命名为"苏红毛茶"，这也是"苏红"名称的由来。当时，国家制定了统一的苏红毛茶标准，组织生产和收购。

到了20世纪60年代，为响应国家出口创汇的要求，江苏茶场开始试制生产红碎茶，因其品质尚好、适于拼配而备受赞誉。至20世纪90年代初红碎茶成为苏红的主打产品，占到总产量的四成以上。1968年出口苏联的压力缓解，为满足本省内常州、苏州、丹阳、宜兴等市场的需求，开始进行苏红毛茶的精制加工，生产条状形的苏红工夫，又称苏红条茶。

20世纪80年代进入市场经济阶段后，苏红因性价比不及滇红、祁红，产量大幅下降，省内市场曾一度被滇红占据，直至普洱被炒热，滇红产量和质量大减，苏红工夫才重新占据市场。

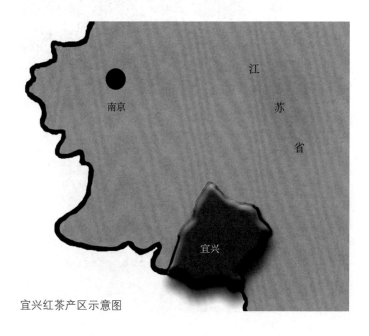

宜兴红茶产区示意图

创制名品

1996年宜兴岭下茶厂创制出了苏红名品"竹海金茗"，改变了苏红只是作为统购的外贸产品，一直没有自己名品的现状，并在江苏"陆羽杯"名茶评比中屡获特等奖，在第二届"中茶杯"名优茶评比中荣获一等奖殊荣，这也成为江苏各茶厂纷纷创制苏红名茶的动因。

● 延伸阅读

宜兴红茶——宜人怡心

从久负盛名到今天的默默无闻

宜兴红茶从大类上应划分在苏红名下。宜兴红一直没有滇红、祁红、闽红那么为人所知，大概就是因为宜兴的紫砂壶太出名了，以至于人们以为宜兴人和其他地域的江南人一样只喝绿茶，甚至很多人提到宜兴红茶，就直接把它跟那个著名的"宜红工夫"混为一谈，这里面竟然也包括一些已经喝了几年红茶的茶人，笔者就曾遇到过。但是彼"宜红"非此"宜兴红"也。

宜兴红茶与国内其他工夫红茶一样，也有着悠久的历史，而且还曾在巴拿马赛会拿过金奖，享誉国内外。那么宜兴红茶当初为何没有被称为宜红呢？原来宜兴战国时代称作"荆溪"，秦汉时置名为"阳羡"，所以宜兴红就有了它的命名"阳羡红茶"。说起阳羡制茶，更是久负盛名，许次所著的《茶疏》中就有记载：江南之茶，唐人首重阳羡。茶圣陆羽更将"阳羡茶"荐为贡茶。

宜兴红茶的特征鉴赏

外在品质	条索	紧结秀丽
	色泽	乌润显毫
内在品质	香气	清鲜纯正
	汤色	红艳透明
	滋味	鲜爽醇甜
	叶底	鲜嫩红匀

宜人的超值红茶

史料记载，最初喝阳羡红茶的都是些烧紫砂壶的窑工，红茶配紫砂，看来二者有着天生的渊源。用烧好的紫砂壶泡宜兴红，倒真是相得益彰。宜兴红养紫砂壶，紫砂壶更韵化宜兴红的茶香，既得古风又赏心悦目。

只是如今紫砂壶身价直线上升，但是阳羡红的名气却远比不过其他工夫红茶，而且价格也一直上不去。这大概是宜兴当地人有了能赚大钱的紫砂壶，就不太在意与它曾是绝配的阳羡红，用很低的价格就把很好的茶给卖了。据说每年都有福建茶商到宜兴批量收购阳羡红，回去当金骏眉卖，价格一下子就翻了几十倍。

其实阳羡红茶的品质、外观、口感一点不逊于其他工夫红茶，甚至不逊于正山小种、金骏眉，其"条索紧结秀丽，叶底鲜嫩红匀；汤色红艳透明，香气清鲜纯正，滋味鲜爽醇甜；上品宜兴红茶更是高香甜润，汤色明亮红黄，清澈透底，叶底纯净"，堪称宜心宜身、让人欣羡的超值红茶。

宜兴红茶
汤色

宜兴红茶
条索及
色泽

滇红工夫——彩云西蕴瑰宝

滇红，诞生在一个特殊的时代背景下

1938年，第一斤滇红诞生在云南的顺宁，即现如今的凤庆县。

当时因日寇侵略，长江以南的安徽、福建等茶区相继沦陷，为了恢复红茶出口，赚取外汇购买军用物资抗战，必须开辟新的红茶产区，滇红正是在这种大时代背景下诞生的。

1938年秋末，"滇红之父"冯绍裘受命考察从未制作过红茶的云南茶区，并在凤庆尝试做了一斤工夫红茶，样品送到香港茶市后获得非常好的反响。1939年初受中国茶叶公司委派，冯绍裘与茶叶机械与加工专家范和钧、张石城分别筹建了顺宁茶厂、佛海（今勐海）茶厂，试制工夫红茶。同年顺宁茶厂成

功制作了约500担红茶，转销伦敦后，因其比大吉岭、锡兰红茶更高的香气与醇厚的味道深受认可，一举奠定了滇红的世界地位。

据《顺宁县志》记载：1938年，东南各省茶区接近战区，产制不易，中茶公司奉命积极开发西南茶区，以维持华茶在国际上现有市场，于民国二十八年（1939年）三月八日正式成立顺宁茶厂（今凤庆茶厂），筹建与试制同时并进。

与此同时佛海茶厂克服了重重困难，第一批机制红茶终于面市，滇红产品畅销东南亚。

滇红试制成功后，在抗战时期作为战略储备物资全部用于出口，一吨红茶可换回十几吨钢材，为抗战立下赫赫功勋。

最初冯绍裘打算将这种红茶定名为"云红"，意在与安徽祁门红茶"祁红"、

滇红凤
庆产区
示意图

大理区

保山市
昌宁县

德宏区
保山区

凤庆县 云县

永德县
临沧市

临沧地区

思茅地区

景洪市

勐海县 西双版纳

勐腊县

江西宁州红茶"宁红"相区别，但最终云南茶叶公司接受香港富华公司的建议，改"云红"之名为"滇红"，取云南"滇"之简称，与云南名胜滇池高原明珠相辉映。

当年由于交通极为不便，滇红外销可谓费尽周折，不得不沿那条著名的茶马古道，从凤庆启程后要翻山越岭、渡河过江才能到达昆明，然后再从昆明运至香港出口。而凤庆到下关的一段路途，必须要借助马帮运送，异常艰难。新中国成立后，随着公路的不断修建，外销的滇红终于不必再通过马帮穿越茶马古道抵达世界各地了。

新中国成立后的20世纪50年代，凤庆生产的滇红曾全部出口苏联赚取外汇，"一吨滇红换十吨钢"是当时的真实写照。1958年国家指定特级滇红为外交礼茶，专供驻外使馆。1986年云南省长馈赠到访的英国女王伊丽莎白的礼品中，就有滇红金芽茶。

"生物优生地带"孕育的优质红茶

山岭连绵、河谷纵横、源深林密的"六山五水"的地貌，为滇红提供了得天独厚的自然条件。在云南滇西、滇南、滇东北三个茶区中，滇红主要产于前两个区域，其中以滇西为主产区；在滇西所辖的临沧、保山、德宏、大理四个州县中，又以临沧为滇红的核心产区，约占总产量的九成左右。而临沧北部的凤庆，则是核心中的核心，全县的茶园总面积位居全国第三。

临沧地处西部型云南低纬山地季风

气候的中间带，位于被科学家称为"生物优生地带"的纬度范围中，具备世界一流的种植茶叶的气候条件。同时临沧的高海拔，使得茶叶生长周期较长，相对拥有更优的品质。因而云南发现了大面积的古茶树群落，以及为数不少的千年古茶树也不足为奇了。据 2005 年 5 月普查数据，凤庆共有近 6 万亩（1 亩约合 666.6 平方米）的古茶树群落，其中野生的为 3 万多亩。

在云南所原产大叶种茶树种的三个品系中，凤庆本地的凤庆大叶种尤适合制作高档红茶，并经过多年科研培育了多种更优的植株，开始在云南、四川等茶区引种。

滇红属大叶种红茶，外形条索肥硕雄壮，色泽乌润，金毫特显；味道更为浓烈、厚重；汤色橘红、通体明艳，如果用白瓷杯可看到杯缘有一道金圈，冷汤具有代表质优的冷后浑现象。

滇红的产地不同，品质也略有差异，其毫色分别呈淡黄、菊黄、金黄，香气也各具浓郁型或花香型。其中凤庆、云县的滇红毫色菊黄、香气高长，有的带花香，滋味浓而爽；勐海、双江的则毫色金黄、香气浓郁，滋味浓厚，刺激性强烈，回味不及凤庆滇红醇爽。同时春、夏、秋三季分别制作的滇红，其色味香气也微有差异。

外销的红碎茶口感更加强悍，通常加入糖、牛奶、蜂蜜等调饮。在云南当地甚至发明了一种加入年份干邑的调饮法，堪称中西合璧的搭配了。

普洱茶爆红后，曾一度影响到滇红的产制，红茶产区也转红为普洱，但因树种与水土的缘故，凤庆产的普洱香气和味道都比较淡柔，市场占有率并不是很高。

当年冯绍裘创建的顺宁茶厂，现已更名为云南滇红集团股份有限公司，是国家出口"滇红"的定点生产厂家，而其"凤"牌也成为滇红的一种象征。笔者在临沧茶城"经典 58"走访一位茶店老板，他告诉我说，这款茶假冒的很多，买的时候一定要看包装上有没有凤牌这个标志。

滇红的特征鉴赏

外在品质	条索	紧结，肥硕雄壮
	色泽	乌润，金毫特显
内在品质	香气	馥烈、厚重、高长
	汤色	红浓、明亮
	滋味	浓厚、鲜爽

滇红的条索及色泽

滇红茶汤色泽

黔红工夫——湄红到遵义红

黔红工夫的渊源

贵州有着悠久的产茶历史，种茶、制茶及茶贸易可以追溯到秦汉时期。到了明清时期，在当时特殊的历史大背景下，贵州的茶叶生产和贸易走入了一个新阶段。

20世纪30年代抗战期间，当时的国民党政府为了谋求农业经济发展，同时也为筹措资金购买相关物资，在遵义东的湄潭县建立了中央实验茶场，并于1940年成功制出了湄红工夫，即所谓的黔红工夫。之后湄红工夫出口旺销，深受国外茶商青睐。

20世纪50年代后期，在当时的市场环境下，为适应出口外销需求，黔红产品开始由工夫红茶改为红碎茶，到了20世纪60年代几乎所有国营茶厂都生产红碎茶出口，到了20世纪70年代贵州成为6大红碎茶生产省份之一，而红碎茶生产也逐渐扩展到各乡镇茶厂。之后的发展道路我们可以想象得出，黔红的命运基本与国内其他产区的红茶一样起伏波折。

黔红的三个主要产区

贵州省共划分为五个产茶区，其中三个主要产区为：占全省三分之一的黔

贵州石阡茶园

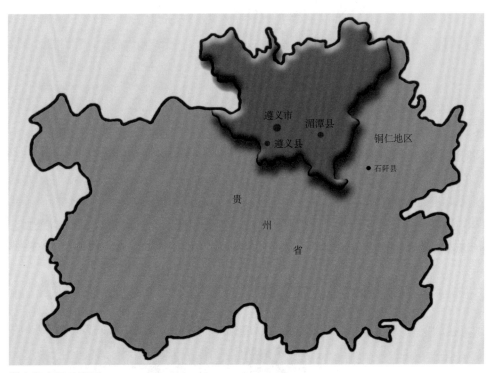

遵义红产区示意图

中丘陵区域，包括贵阳、安顺及遵义南、毕节东、黔东南州西部、黔南州北部等；与湖南、广西接壤的黔东中低山区域，含铜仁地区和黔东南州大部、黔南州东部等；邻云南、广西的黔南河谷区域，因其得天独厚的自然环境，尤适宜黔红的生产加工。

遵义红，湄红工夫的传承

遵义红诞生于2008年左右，可以说是在国内近年来红茶市场升温的背景下应时而生。

遵义红的发源地在湄红工夫的故乡湄潭，而遵义红也正是恢复湄红制作工艺基础并加以改进，以遵义独特的地域性为其产品命名的一款高品质红茶。遵义红茶一经面世，便受到茶界专家及消费者的肯定，首次参加名优茶评比即获广州茶博会及上海茶博会金奖，并在2009"贵州十大名茶"评比中荣获"评审委员会特别奖"。

遵义红的特征鉴赏

外在品质	条索	细紧秀丽
	色泽	褐黄披毫
内在品质	香气	高醇
	汤色	橙红带金圈
	滋味	鲜爽
	叶底	匀嫩

特级黔红条索及色泽

特级黔红汤色

黔红叶底

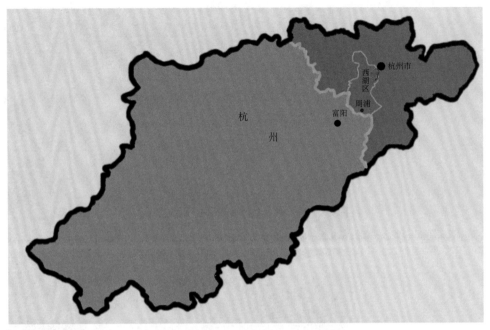

九曲红梅产区示意图

九曲红梅——西湖畔一剪梅

声名鹊起

九曲红梅是杭州十大名茶中唯一的红茶，至今已有近200年历史，早在1886年就曾荣获巴拿马世界博览会金奖，但大部分人却只闻西湖龙井茶，却不知西湖还有九曲红梅。

九曲红梅原本养在深闺人未识。在1929年的春天，杭州湖埠（灵山）的一姓沈的农民，在湖埠笠壳塘旁山坡地的茶树上，采了一些芽头精心制作了几斤九曲红梅，送到当时在杭州举办的西湖博览会参赛，没想到茶一拿出来就吸引了大家的关注，等到冲泡后汤色鲜亮红艳、香气馥郁，芽叶在汤中舒张如红梅，一下征服了所有评委，一举夺冠，成为当时的中国名茶，声名远播。

源自武夷山

虽然九曲红梅在杭州成名，可探求它的渊源，却要追溯到福建武夷山的九曲。

19世纪的晚清时局动荡、战事频发，殃及闽北、浙南一带，福建武夷山和浙江平阳、天台、温州等地的农民为躲避战乱，不得已离乡背井，其中有一部分人就到了杭州大坞山一带，落户生根、开荒种粮。因为他们来自武夷山，也把家乡种茶、制茶的技术传播了过来，于是九曲红梅也就此诞生了。

之所以如此命名，也许为了纪念茶人的故乡，抑或茶的条索弯曲紧细如钩、色红香清如红梅。

曲折的发展之路

九曲红梅闻名于世后，每逢茶季周边城镇的茶商纷纷前来采购贩卖，一度热销，为茶人所喜爱。不过后来因抗战爆发，原本火爆的九曲红梅市场迅速萎缩，致使茶园荒芜、茶农弃行，九曲红梅的产出状况跌入了低谷。

新中国成立后，九曲红梅恢复生产并不断发展，茶园种植面积与红茶产量都得到扩大、提升。20世纪90年代因西湖龙井声名鹊起而导致产区"红改绿"，红茶产量急剧减少、茶厂关停，九曲红梅面临几乎泯灭的严峻局面。

进入21世纪后，九曲红梅终于迎来了转机，在政府、媒体、研究机构、企业、茶人的共同努力下，通过政策的支持、资金的投入、媒体的宣传、经营模式的改革、市场化运作等措施，九曲红梅正在逐步复兴。

2000年，九曲红梅商标注册，2004年九曲红梅荣获"蒙顶山杯"国际名茶金奖，2008年荣获中国（国际）名茶博览会金奖，2009年九曲红梅的制作技艺被浙江省文化厅列入第三批省级非物质文化遗产名录。

好山出好茶

九曲红梅产区位于钱塘江畔，杭州西湖区灵山溶洞盆地自然风景区内，大湖、西山、上堡、大岭、张余、冯家、仁桥、上阳、下阳一带。产区三面环山，东北隔江与萧山相望，南临富春江，西接富阳市，北靠之江国家旅游度假区。湖埠有西山仙境之美称，区内的大坞山海拔500多米，山顶为一盆地，沙质土壤，土质肥沃，四周山峦环抱、林木茂盛。大坞山临钱塘江，江水蒸腾，山上云雾缭绕。

九曲红梅产区属亚热带季风气候，光照充足、雨量充沛、无霜期较长；土层深厚、土质肥沃、酸碱度适宜，非常适宜茶树生长，故所产茶叶品质特佳。

九曲红梅采摘是否适期，关系到茶叶的品质，以清明后、谷雨前为优，采摘标准要求一芽二叶初展；经阴摊、萎凋、揉捻、发酵、烘焙五道工序制作而成。

2002年著名数学家霍金曾到杭州品饮九曲红梅，品尝后他用仅能动的三个手指，在电脑上敲打出对九曲红梅的赞许。

九曲红梅的特征鉴赏

外在品质	条索	弯曲紧结、细秀如钩
	色泽	乌润，显白毫
内在品质	香气	浓郁，有兰花香
	汤色	红艳鲜亮
	滋味	浓郁鲜爽
	叶底	红亮

①九曲红梅条索、色泽
②③九曲红梅汤色

越红工夫——曾为"还贷"主力

出口创汇的主力军

绍兴古时曾为越国首都，这便是绍兴所产的红茶被称作"越红"的由来。早期浙江平阳、泰顺等地生产的工夫红茶，还称为"温红"，后来统一命名为越红。越红的毛茶起初叫"越毛红"，在"文革"时期有人觉得"越毛"有对毛主席不敬之嫌，于是将"越毛红"改叫"浙毛红"。浙江的工夫红茶最初按宁红工夫的工艺进行加工，与安徽、江西红茶拼配后出口，在 1955 年时正式定名为"越红工夫"。

民国时绍兴茶区越红已有少量生产，到新中国成立之初，在当时国际大背景下，浙江珠茶因外销受阻，同时也为了向苏联出口红茶"还贷"的需求，浙江的茶区开始改制红茶，而绍兴成为越红的主产区。1950 年浙江成立红茶推广队，1951 年试制成功，当年越红的出口量占到了上海口岸红茶出口总量的近四成，对于一个非红茶主产区来说，越红为当

越红产区示意图

越红条索及色泽

越红茶汤色泽

时国家经济建设做出了巨大的贡献。

此后越红产品一直以外销为主，除了出口当时的苏联外，主要销往西欧等国家。虽然受国际市场状况的影响，越红产销常呈现波动状况，不过产量一直快速上升，最高时越红毛茶收购量曾经创下过万吨的纪录。到了20世纪八九十年代，国际市场的变幻加上国内茶叶市场全面开放，茶农、茶厂纷纷转向经济利益高的龙井等绿茶，越红整体产量迅速下滑至低谷。进入21世纪时，越红在市场上几乎消失不见。

越红踏上复兴之路

近几年由于金骏眉的带动，国内兴起红茶热，各地茶产区又开始纷纷"绿改红"，而且都直奔高端路线，浙江茶区也是其中之一。

据相关新闻报道所载，目前浙江的很多绿茶产区相继投身开发红茶产品，如杭州恢复"九曲红梅"，龙泉推出"龙泉红""金观音红"，绍兴市开发"会稽红"，绍兴县恢复"越红"，安吉做出"安吉红"，以及平阳的"平阳工夫"、武义的"武阳工夫"等，连著名的西湖龙井也推出了"龙井红"，这对于越红的复兴来说，不能不说是非常有利的局面。

不过与其他产区的红茶产品一样，越红也同样存在着炒作、模仿金骏眉、创新弱、缺乏品牌建设意识等诸多亟待解决的问题，而且一些茶企不排除有市场跟风行为，产品尚不具备个性化和规模化，只顾眼前一时之利，没有长远的产品和市场规划。所以越红要赶上并超越之前的辉煌，还有很长的一段路要走。

越红工夫的特征鉴赏

外在品质	条索	细紧、匀整
	色泽	乌润
内在品质	香气	高长
	汤色	红艳、明亮
	滋味	浓醇
	叶底	红亮

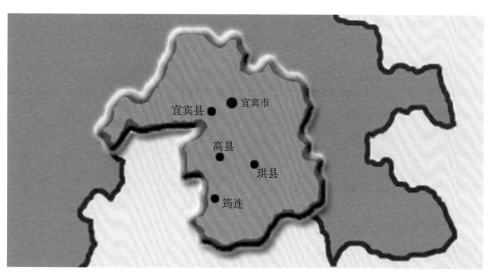

宜宾川红产区示意图

川红工夫—— 后起有为之秀

川红工夫红茶的诞生与兴衰

川红工夫与祁门工夫和滇红工夫，并称为中国的"三大红茶"。诞生于 20 世纪 50 年代的川红，与比其早问世二十年的滇红一道，属于红茶中的后起之秀，而且都是为了出口而创制发展起来的。川红产品从一开始就销往国外市场，国人对其知之甚少，直到近些年川红才逐渐在国内市场崭露头角。川红的发展轨迹，也可以说是我们中国红茶兴衰浮沉的一个缩影。

20 世纪 50 年代，为了创汇及外交需要，即苏联要求除使用外汇、土特产外，必须用红茶偿还提供给中国的贷款，中国各地纷纷成立茶厂，四川也积极响应号召。

20 世纪 50 年代初国家决定在宜宾、万县、达县等地的国营茶场试制推广川红，并组建了红茶技术推广站分设在主要产区内。但地理和气候原因使有的产区不适合做红茶，最终经过调整确定集中在宜宾、高县、珙县、筠连四个县生产工夫红茶。当时为了推广红茶，国家制定了很优厚的收购价格，而茶叶种植也成了川南茶农改善生活条件的重要方式。

1959 年一位老茶农曾精心制作了九两"黄金白露"川红，寄到北京敬送给毛主席，作为新中国十周年华诞的献礼。

20 世纪七八十年代是川红的辉煌时期，在 1985 年葡萄牙里斯本举办的第 24 届世界优质食品评选会上，川红走出国门并荣获金质奖章，为川红谱写了最辉煌的篇章。

我国进入市场经济时代后，自负盈亏的川红茶企因亏损不得不转产内销花茶和沱茶，而著名的川红曾在 20 世纪

90年代至21世纪初期数年，处于完全停产状态，川红堪称名存实亡。直到近十年国内红茶市场开始升温，一度消失的川红才又重出江湖，进入茶人的视线。

2010年12月，川红集团挂牌成立，并成为当年中国茶行业的十大新闻之一。川红集团的模式，为探索现代茶业经济发展，迈出了具有深远意义的一步。

优越的环境、精湛的工艺，造就了川红的独特品质

川红工夫产于四川盆地南缘山区，宜宾、筠连、高县、珙县等分布其中，金沙江、岷江、长江贯穿其间，这里自然条件十分优越，气候温和、雨量充沛，而且茶区一带几乎没有任何现代大工业企业的污染。

茶区土壤呈微酸性，极适于茶树的生长，同时土壤成分中含磷量较多，可以提高芽叶多酚类的含量。茶区内优良的茶树品种，也是川红独特品质形成的又一重要因素。川红以"早白尖"品种所制的红茶最优，是川红中的精品。

川红制作工艺在秉承了工夫红茶数百年的传统工艺的同时，与现代工艺相结合，由老一代和新一代茶人对其适当改进，在制作过程中精益求精，从而保证了川红外形紧细秀丽、内质香高味醇的独特品质。

川红的特征鉴赏

外在品质	条索	肥壮圆紧、显金毫
	色泽	色泽乌黑油润
内在品质	香气	香气清鲜、馥郁，带橘糖香
	汤色	汤色红亮、均匀
	滋味	醇厚、鲜爽
	叶底	叶底厚软红匀

川红的条索及色泽

川红的茶汤色泽

海南红茶——远航天涯海角

红起红衰

海南产茶历史悠久，可以追溯到宋代，而且宋、明、清都留下了有关茶事的文载。但从海南红茶近代的发展状况来看，它却和川红、英德红茶一样属于年轻的后辈。不过，资历虽浅，但它为中国红茶做出的贡献却一点也不逊色。

海南红茶发端于20世纪50年代，当然在当时的时代背景下，它的兴起与出口创汇不无关系。1959年出口货源基

地在海南建立，当时有3个国营茶厂。20世纪60年代期间茶厂扩展到5个，茶园面积达1.5万亩，年产红茶350吨。20世纪70年代CTC红碎茶成为产品重点，出口远销欧美等几十个国家和地区。20世纪80年代末到90年代初，红茶由于海南建省而迅猛发展，达到了鼎盛时期，年产干茶8000多吨。

20世纪90年代，国内茶叶市场全面开放，国家对茶叶不再统购统销，各口岸公司为抢占市场导致茶价大跌；加之国际市场上俄罗斯、英国、巴基斯坦3大世界茶叶进口、消费国从中国进口

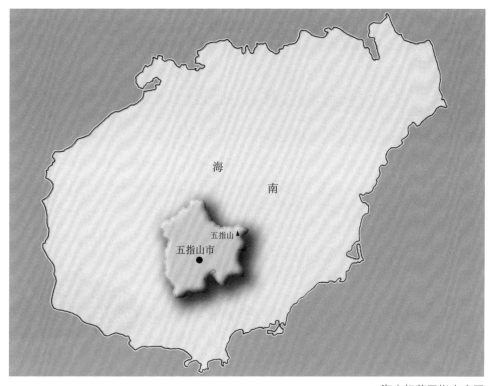

海南红茶五指山产区

海南红茶的特征鉴赏

外在品质	条索	粗壮紧结
	色泽	乌黑油润
内在品质	香气	浓郁，高持久
	汤色	红艳明亮
	滋味	浓厚鲜爽
	叶底	红匀

红茶减少，中国红茶的生产出口全面受到影响。海南红茶受到巨大冲击，生产、种植严重萎缩，茶厂纷纷倒闭。

何时再"远航"

进入21世纪，海南把茶业列为支柱产业之一，对茶企业的资产、生产、经营等进行了一系列改革，同时加大对新产品的投入开发，增加新品的科技含量，使海南红茶焕发生机。

但目前海南红茶发展面临着品牌价值开掘不深、经营理念创新不够等核心问题。20世纪50年代远销世界各地的由周总理亲自定名的"远航"品牌，在国内早已销声匿迹，所以期待未来的海南红茶能够树立一个甚至多个在国内乃至国际市场叫得响亮的品牌，重现当年"远航"的辉煌。

热带茶区的佳茗

海南岛属热带茶区，自然环境与气候条件与斯里兰卡极为相似，茶区内常年云雾缭绕、雨量充沛、终年无霜，土质深厚肥沃、呈微酸性，使茶树生长旺盛、萌芽轮次多、采摘期长、产量高、茶质优异。

海南五指山南麓所产的金鼎金毫，是海南工夫红茶的代表，而在明代，五指山茶曾是朝廷的贡品。

海南红茶的茶树品种为海南大叶种和云南大叶种，前者鲜叶油润有光泽，不显毫茸，制成的干茶色泽显金毫；而后者则色泽乌润，制作的工夫红茶外形条索紧结，多金毫，汤色红艳明亮，香气甜香浓郁，滋味浓爽带鲜，叶底红亮，是红茶中难得的佳茗。

海南红茶

英德红茶——"金帆"载誉世界

后起之秀

1959 年，英红诞生于广州英德，其创制过程可以说与当时的时代背景不无关系。

20 世纪 50 年代中期，从云南引进的大叶种茶树，在英德茶场试种成功，英德掀起开荒种茶的热潮。到了 20 世纪 70 年代，英德的茶园面积与茶叶年产量，在国内茶叶生产基地中已经名列前茅。

也正是在这个大环境下，英德集结全省的茶叶科技资源，并且在中茶公司等协助下，用云南大叶种开始红茶的试制并获得成功，随后经过对初制加工技术的系统改进，到 1964 年时工艺基本定型，并通过中央农业部、商业部、外贸部、一机部（即中华人民共和国第一机械工业部）的鉴定。至此英德红茶以"金帆"为品牌，开拓国外市场专供创汇，并制定全国红碎茶二套样实物收购标准。20 世纪 90 年代初，英德又开发出被誉为"东方金美人"的"金毫"红茶产品，又一次成为业界焦点。

英红一投放市场，就博得国内外各方的赞誉，成为中国红茶的后起之秀，堪与印度、斯里兰卡红茶媲美。当时中茶公司评审英红的茶样后，给予了高度评价："经苏联和国内茶叶专家评定，已达到国际茶水平，为祖国的传统出口提高声誉。"苏联专家也专程到英德茶场品茶检验，被英红的优异品质所折服，表示苏联人喜欢这种红茶。

很多国家的茶商纷纷慕名而来，考察洽谈进口英红。20 世纪七八十年代英红年出口量近 2000 吨，远销五大洲 60 个国家和地区，在中国港澳地区和东南亚尤为受欢迎。英德成为我国大叶红碎茶出口商品生产基地，被誉为广东省著名的"红茶之乡"。经国家质检总局审核批准，自 2006 年 12 月 31 日起，对英德红茶实施国家地理标志保护。

英红自问世以来，以其优异的品质屡获各种殊荣达几十项之多，诸如 1980 年，在全国红碎茶评比中名列第一；1984 年获商业部红碎茶评比之冠；1986 年荣获巴黎美食旅游协会颁发的金奖——金桂浆；1989 年在农业部全国茶叶评比中获优质产品奖；1991 年获国际博览会金奖；1992 年获香港国际食品博览会银质奖……

皇室钟爱

英德红茶进入英国市场后，深受英国人的青睐。英国皇室特别钟爱英德红茶，将其定为皇室招待贵宾的御用红茶。

据 1969 年广东茶叶进出口公司转发的一份我国驻英大使馆参赞处电文，称"英国皇室喜爱英德红茶，1963 年英国女皇在盛大宴会上用英德红茶 FOP 招待贵宾，受到高度的称赞和推崇"。

香港《东方日报》1996 年 9 月 19 日刊载的一篇报道中描述："英国皇室所

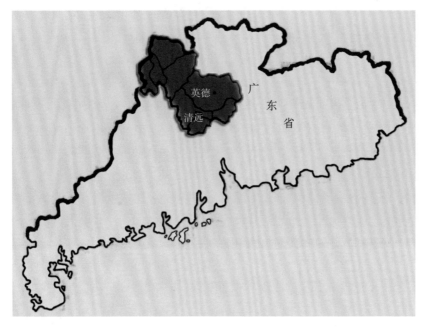

英德红茶
产区
示意图

享用的靓红茶都是中国货，如福建的正山小种和英德红茶。"在该报的另一篇文章中又写道，英德也是中国几大产茶区之一，英德红茶是英国皇室所认定的靓茶。

环境优越、树种优良、品质优异

英德茶区峰峦连绵、江河贯穿、景色秀美，在地势开阔的丘陵缓坡上茶园依势而建。英德属南亚热带季风气候，年均气温20℃左右，降水量丰沛，湿度尤大，无霜期极长；土层深厚肥沃，土壤酸度适宜，尤适合茶树生长。

英德种茶有着悠久的历史，可以追溯到1200多年前的唐代。茶圣陆羽在其所著的《茶经》中，评价岭南包括英德等州所产之茶"其味极佳"。

英德红茶虽然属于当代新秀，但其优异的品质与优越的自然环境及悠久的茶区历史不无关系。此外，英红选用云南大叶、凤凰水仙等树种鲜叶，为其香高味浓的品质奠定了良好的基础。

英德红茶外形紧结重实，色泽油润，香气鲜纯浓郁，花香明显，滋味浓厚甜润，汤色红艳明亮，叶底柔软红亮，冲泡清饮或加奶、糖调饮，均很适宜，较之滇红、祁红别具风格。

1959年中国茶叶研究所曾致函评价英红："英德红茶品质具有外形色泽乌润细嫩；汤色明亮红艳，滋味醇厚甜润，具有祁红的鲜甜回味，香气浓郁纯正，叶底鲜艳，较之滇红别具风格。"

英德红茶感官品质指标

花色	等级	外形	内质			
			香气	汤色	滋味	叶底
金毫茶	特等	匀秀、金毫满枝，金黄油润	嫩浓芬芳	红艳明亮	鲜醇爽滑	全芽、铜红明亮
	一等	紧秀，芽毫金黄，嫩叶乌润	嫩浓芬芳	红艳明亮	鲜醇爽滑	嫩匀、铜红明亮
红条茶	特级	紧结，金毫显露，色润	鲜爽持久	红艳亮	醇滑	嫩匀、红亮
	一级	肥嫩紧实，多金毫 锋苗好，乌润，匀净	甜浓	红艳金圈大	醇厚鲜爽	肥嫩匀、红艳明亮
	二级	肥嫩紧结，有锋苗，乌润， 显金毫，带嫩梗，匀净	鲜浓	红艳	浓醇	柔软、红匀明亮

英德红茶的条索、色泽、汤色及叶底
（图片由《不负舌尖不负卿》作者李韬提供）

广西红茶——世界第四高香

广西产茶历史悠久，最早可追溯到唐朝以前，且历来是国内茶产量较大的省份之一。不过在20世纪60年代之前，广西的茶类主要为绿茶与六堡茶、桂花茶，工夫红茶生产量很少，且都是出口到苏联和东欧国家。

在新中国成立之初，国际茶市场的贸易需求基本为红茶，加之当时与苏联签订的还贷协议，国内红茶的产量供不应求，正是在这种历史背景下，广西红茶在全国茶叶生产统一布局下，为出口创汇应运而生。

1965年红碎茶在广西试制成功，并开始了它的外销使命，1974年广西被定为红碎茶出口生产基地，产区内更进一步扩大旧茶园改造和新茶园的开辟，引进先进的制茶技术和机械设备，红碎茶的生产得到迅速提升，到20世纪80年代后期红碎茶产量和出口额达到了高峰。

改革开放之后，随着国际茶市场的变幻以及国内出口政策的调整，广西红茶出口量逐年减少，产量也相应不断下降，目前还在少量生产的红茶也多为定制的高端产品。

红碎茶的出口走向低谷后，为满足国际市场对高端红茶产品的需求，广西凌云采用当地的凌云白毫茶树试制高端

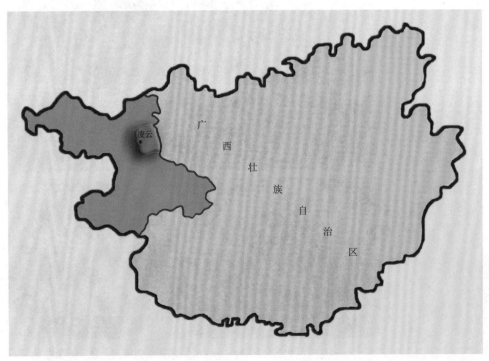

凌云红茶产区示意图

红茶，1996 年凌云红茶试制成功出口国外市场后，立刻受到欧洲诸国的认可，被誉为世界第四大高香红茶。

其实在 20 世纪 70 年代初，凌云地区就开始用凌云白毫茶制作红茶了。制成的红碎茶金毫显露、香气馥郁芬芳，所以常作为其他大叶种红碎茶的调配，来提高整体品质水平。

凌云金毫和凌云红螺是凌云红茶比较有代表性的产品，两款凌云红茶分别采摘一芽及一芽一叶制作，具有甘、艳、芳的特色，为红茶爱好者所青睐。

广西红茶的特征鉴赏

外在品质	条索	紧细、匀齐
	色泽	乌褐、显金黄毫
内在品质	香气	高锐持久，带天然蜜香
	汤色	红亮
	滋味	浓醇鲜爽
	叶底	肥嫩明亮

广西凌云白毫工夫红茶条索及色泽

广西凌云白毫工夫红茶汤色

台湾红茶——宝岛高山香韵

发展概况

台湾地区山脉连绵，贯穿整个岛中区域，海拔超千米的高峰十数座，山顶云雾缭绕，山间河川溪流纵横密布，土壤肥沃，早晚温差较大；加之纬度跨越北回归线，属于热带兼亚热带气候，雨量充沛，为茶树生长提供了独特的自然条件。

台湾的红茶历史可追溯到清朝时代，其渊源与其他茶类一样与福建同宗。1903 年台湾总督府设立制茶试验场试制红茶，1906 年开始生产，并于 1908 年出口土耳其、俄国。早期台湾红茶所用树种为从福建引进的小叶种茶树，但制成红茶从味道到品质都稍有些欠缺。

在 20 世纪初日本占据台湾时期，为了满足其自身红茶的内需及外销，引入

了阿萨姆茶树，并于 1926 年在南投县鱼池等地开辟茶园培育种植，当时为了发展红茶业，还曾设立了"鱼池红茶试验所"。

1928 年台湾从印度阿萨姆引入大叶种茶树，在鱼池、埔里及花莲鹤冈培植并生产红茶，产品送到伦敦和纽约销售，引发消费者们的青睐。1935 年于日月潭畔，设立鱼池红茶试验支所，鱼池、埔里成为台湾大叶种红茶主产区。期间很多日本茶企到台湾成立茶厂制作红茶，从而形成了台湾红茶生产的新格局。20 世纪 30 年代末是台湾红茶生产的兴盛时期，外销红茶最高曾达到近七千吨。随后因"二战"和太平洋战争爆发，台湾红茶的生产量、出口量跌落下来。

1945 年到 1961 年间，台湾红茶业经过不断恢复、调整发展，阿萨姆茶树种植面积达到 1800 多公顷，可以说几近

台湾红茶产区示意图

历史最高峰，1964 年台湾东部第一家制茶厂"鹤冈示范茶场"诞生，到 1968 年又相继推广种植台茶新品种 250 多公顷。此后 30 多年期间因为国际经济环境、消费习惯、市场需求变化的影响，台湾红茶产销逐渐凋零。1950-1970 年是台湾红茶产业最繁盛的时期，20 世纪 80 年代起台茶因劳动力成本上升失去国际竞争力，进入 20 世纪 90 年代台湾红茶只有鱼池一带尚存种植生产，产量不足千吨，外销量仅 561 吨。1998 年随着"鹤冈示范茶场"的停工关闭，蜚声岛内外数十年的"鹤岗红茶"就此销声匿迹。

1971 年以后岛内饮茶风气渐起，但是消费产销导向以乌龙茶为主，虽然泡沫红茶、珍珠奶茶、红茶饮料、袋泡茶等开始在岛内逐渐流行，但是一方面因为自产红茶无法满足需求，另一方面为了降低生产成本，茶商们大量进口斯里兰卡、越南等地的廉价红茶，以满足市场原料需求，可以说到 2000 年初，台湾本土红茶和内陆红茶一样，下滑到了历史的又一个低谷。

产区特色

台湾红茶产区，主要分布在中部的南投鱼池及东部的花莲舞鹤茶区，其中以鱼池为首、产量最大，约占到总产量的一半以上。

南投鱼池茶区早期制作红茶的原料以阿萨姆为主，但产量品质不稳定，1973 年改良品种台茶 8 号的诞生，为后

来的红茶生产注入了全新的血液。20 世纪 70 年代末南投政府曾将埔里、水里、鱼池等产区的红茶，以"日月潭"品牌对外销售，风行一时。1999 年通过本地的野生树种与缅甸大叶树种杂交培育出的新品种台茶 18 号，即红玉，成为台湾鱼池产区振兴红茶产业的生力军。

舞鹤茶区位于花莲县，无论地理位置和气候特点，都非常适宜茶树生长，其中具有独特口感的蜜香红茶享誉世界，曾在 2006 年的世界红茶评比中荣获金奖。

台湾高山红茶条索及色泽

台湾高山红茶茶汤色泽

台湾红茶的特征鉴赏

	台茶18号	蜜香红茶
香气	浓郁，带有肉桂及薄荷香	蜜香
汤色	金红、透亮	琥珀香槟色
滋味	醇厚	醇厚顺滑，带有蜜甜

新晋红茶——工夫崭露头角

所谓新晋红茶，首先为品类新，非祁红、滇红、闽红、川红等传统意义的工夫红茶，其产区也不是在主要的红茶产区，或者诞生于传统绿茶产区内的红茶产品，例如信阳红；其次是工艺环节的创新，即在传统工夫红茶制作加工上有所精进，或引入其他工夫红茶的工艺并经改良后制作而成；再则就是原料的不同，主要体现在选用非传统制作红茶的茶树品种，或者由通常一芽几叶改为由单纯细嫩芽头制作。此外还有定位的晋升，经精工制作而推出高端产品，力图改变产区内只生产中低端产品的状况等。

近年来红茶市场回暖后，一些新晋红茶产品及品牌纷纷涌现，一些传统的绿茶产区也推出了红茶产品，其中有的产品甚至高调入市，目标高远。但是它们只是昙花一现，还是能够成为行业的佼佼者，还有待市场的进一步检验淘洗。

高端新贵信阳红

2009 年 12 月，时任河南省委书记卢展工到信阳视察，在了解到信阳作为我国最北的产茶区，一直以生产绿茶为主，很少采摘夏秋茶，每年茶叶的利用率不到六成，茶叶产量、销量和运输、储存等受到很大限制的情况后，指出信阳可以开发红茶产品，与武夷山金骏眉、银骏眉媲美。2010 年信阳红试制成功，开始批量生产，并数次举办推介活动，进军国内外红茶高端市场。

信阳拥有 2000 多年的产茶历史，是名茶的故乡，在清代，信阳毛尖茶已成为全国名茶之一。信阳之所以可以孕育千古名茶，得益于其独特的地理位置。信阳地处中国亚热带和暖温带的地理分界线，即秦岭、淮河上，群峦叠翠、溪流纵横、雨量充沛、云雾弥漫，昼夜温差大，茶叶生长期长，有机物质含量丰富，优越的生态条件造就了信阳红优异的品质。

信阳红在借鉴传统红茶制作工艺的基础上，通过创新形成了一套独特的加工工艺，具有独特的香气和滋味。信阳红外形条索紧细匀整，色泽乌黑油润，香气醇厚持久，汤色红润透亮，口感绵甜厚重，叶底嫩匀柔软，品质优良。

信阳红上市后，以其新口味、新原料、新工艺等特色，获得了红茶爱好者的认可，并成为国宾接待用茶，"两会"指定用茶。

信阳红缔造了我国最高纬度出产红茶的纪录，改变了信阳只有绿茶没有红茶的历史，对提升信阳茶叶整体形象、促进茶农增收、转变农业经济增长方式等具有深远意义。

红茶公主金针梅

"金针梅"小种红茶，是由多位中国当代著名茶叶专家、名家联袂研制开发而成的。金针梅从 1993 开始着手规划，自诞生至今已历经十几个春秋，工艺、品质不断精进，被誉为茶中的公主。

虽同属小种的高端红茶，但制作工艺与金骏眉有所不同，金针梅是采用紫芽大红袍、白鸡冠、仙霞梅占、铁罗汉等良种的眉芽，通过红茶的工艺、武夷岩茶的烘焙技术，以"祖率"比例调和融制而成。

金针梅的汤色金黄鲜艳、金圈宽厚明显，叶底呈古铜色，形如松针，故命名为"金针梅"。而其中的"金"，既言其色又喻其价，"针"表其形又示其精，而"梅"则是显其香、彰其韵。

因其产区、品种选择、采摘时间、制作工艺等都极其考究，从而造就了金针梅优异的品质。

武夷山桐木关产区群山叠嶂、山清水秀、雨沛雾多，日照短、霜期长，土壤肥沃疏松，有机物质含量高，所以特益于茶叶优异内质的形成。

金针梅原料，优选武夷山自然保护区内的名丛茶树眉芽，对采摘的季节、

金针梅

天气及时间都有严格限定。制作一斤金针梅的芽头，至少要几十名采茶工同时采摘一天，因而全年产量不多，可想而知市面上很少见。

金针梅"清、和、醇、厚、香"，条索纤细紧结、乌泽透黄、白毫略显，汤色金黄鲜艳，香气细腻、清和幽雅，滋味甘醇柔顺，叶底呈古铜色，嫩芽完整。

金针梅曾作为奥运的茶礼，为2008年北京奥运会的成功举办做出特殊贡献。2006年原国家体委主任、中国申奥委主任伍绍祖先生，为金针梅题写了"中国申奥第一茶"。

2007年12月在上海举办的首届中国茶文化拍卖会上，金针梅的一款产品"神思金针梅"（100克）以10 000元港币成交，创建了中国红茶拍卖纪录。

红茶珍品银骏眉

作为一种顶级的正山小种红茶，银骏眉同金骏眉一并诞生，由正山堂的茶叶研发团队于2005年创制成功。金骏眉、银骏眉投放市场后备受青睐。

银骏眉制作原料精选于武夷山保护区内的高海拔茶树，金骏眉的选料为茶芽，银骏眉则为一芽一叶。因为茶叶的品质及采摘的标准不同，便以金、银、铜来区分骏眉的等级，银骏眉仅次于金骏眉。而茶农们常把铜骏眉（一芽两叶）叫作赤甘，又根据叶子的张开程度，分为小赤甘（叶子未张开）和大赤甘（叶子张开）。

银骏眉的制作沿袭了部分正山小种的传统制法，但并没经过用松枝烟熏的全过程。银骏眉的制作对茶青和工艺要求极高，500克的银骏眉需数万颗茶芽，所以产量很有限，是可遇不可求的茶中珍品。

银骏眉外形条索紧细匀整、锋苗显秀，汤色金黄、清澈明亮，香气清爽持久，有一种独特的蜜糖香，滋味鲜爽甘醇，喉韵悠长，叶底明亮，呈古铜色。

安吉新法绿做红

20 世纪 50 至 80 年代，因为国外市场的不断变化，浙江经历了几番绿与红的调整，红茶、绿茶哪类需求大就生产哪类。

而近几年，随着红茶消费需求的不断升温，而且红茶又不像普洱等茶对产地的要求那么强，于是不少浙江茶产区的绿茶厂商开始进军高端红茶市场，纷纷研发推出红茶产品，诸如龙泉红、金观音红、武义工夫、平阳工夫红茶等。

甚至杭州西湖龙井产区也诞生了全新的"龙井红"，茶原料来自于狮峰、梅家坞、云栖、虎跑等产区的夏秋茶，从原料到工艺都保持了龙井的特点，产品品质不输绿茶之王西湖龙井。

安吉红也是在传统安吉白茶产区诞生的全新红茶，从 2009 年前后研制并上市，一些地区的价格与一级甚至特级安吉白茶不相上下。

每年 4 月中下旬已是安吉白茶的采摘后期，这时的叶子比较大，市场和价格空间已很小，但此时的大叶正适合做红茶，其茶多酚含量比春茶多，更适合加工成红茶。因鲜叶的干燥度、韧度与其他传统产区红茶的鲜叶不一样，所以安吉红的制作工艺也有着些许的不同。

优质的安吉红产品，外形条索紧秀匀齐，汤色红亮透金黄，滋味甜醇、鲜爽。

安吉红与浙江的其他红茶一样，存在着产品、品牌等诸多需要解决的问题，所以能否获得市场认同还需要时间的考量。

①新晋工夫红茶的条索及色泽
②新晋工夫红茶茶汤
③新晋工夫红茶叶底
④新晋工夫红茶

第四篇

老牌新秀，世界经典红茶

令人非常遗憾和无奈的是，红茶虽然从中国走向了世界，但当今世界上拥有影响力的红茶品牌，却没有一个是来自我们中国。

重点内容

·世界上知名的红茶品牌都有哪些

·各品牌的起源及简介

·各品牌旗下比较有代表性的产品

百年经典红茶品牌

英国百年经典红茶品牌

"英国红茶"闻名于世界，并成为一种文化与生活方式的象征。在红茶发展历史上，没有哪个国度比英国更传奇了——英国境内无法找到一块红茶种植庄园，但英国红茶却驰名于世；英国不出产红茶，却消费了居世界前列的红茶量；英国人为了满足喝茶之利，把中国的茶树和制茶技术偷出来，开辟建立了新的茶产区取代中国产茶区在世界上的地位；自己不种植红茶，但通过加工经营，创立了很多享誉世界的红茶品牌。

所以，很难想象如果没有英国，我们发明的红茶，如今会是番什么景象。

英国百年经典红茶品牌

红茶品牌	品牌的创立起源及赞誉	代表性产品
川宁 Twinings	1706年，英国人托马斯·川宁（Thomas Twinings）在伦敦开设了川宁的前身"汤姆的咖啡屋（Tom's Coffee Home）"，开始售卖上等的红茶 1717年川宁开设了红茶专营店"黄金狮子（The Golden Lion）"，标志着川宁品牌的诞生 1837年英国维多利亚女王颁布了第一张"皇室委任书"，川宁被指定为皇室御用茶，并且此殊荣一直沿袭至今 川宁分别于1972年和1977年，荣获英国"女王勋章" 川宁为英国第一家被获准出口的茶公司，经营至今已有三百年历史，在英国红茶品牌中居领导地位，引领着饮茶的潮流，风靡全世界一百多个国家和地区	川宁的茶产品系列丰富，其中最著名的是各种红茶，尤其以伯爵茶最为著名，它几乎堪称英国红茶的代名词 伯爵茶（Earl Grey Tea）： 此款红茶产品的命名，据说源自当年任英国首相的格雷伯爵得到的一个以中国红茶为基茶，在其中混调佛手柑精油反复试制的配方。伯爵茶带有浓郁佛手柑的香气，因其独特的风味备受红茶爱好者的喜爱与赞赏 大吉岭（Darjeeling Tea）： 川宁旗下的经典产品，严格精选大吉岭产区的茶叶，经独家配方混调而成，因丰满的香气被誉为红茶中的香槟 威廉王子茶（Prince of Wales Tea）： 为喜爱祁门红茶的威廉王子特别调制而成，并因此而享誉 女士伯爵茶（Lady Grey Tea） 英式早餐茶（English Breakfast Tea）

续表

红茶品牌	品牌的创立起源及赞誉	代表性产品
福南梅森 Fortnum & Mason	F&M 又译为福特纳姆和玛森公司，是英国皇室御用的高级食品品牌，于1707年由英国皇家卫队的威廉姆·福特纳姆（William Fortnum）与休·玛森（Hugh Mason）创办，目前已发展成伦敦首屈一指的综合性百货公司 福南梅森一直以提供优质的食品为英国上流社会所青睐，其旗下的茶产品以其皇室御用的贵族品质，为当年安妮女王特别钟爱，在茶叶领域享有超凡的地位	古典伯爵茶（Earl Grey Classic Tea） 安妮女王茶（Queen Anne） 皇家混合茶（Royal Blend） 早餐茶（Breakfast）
立顿 Lipton	1871年，英国贵族托马斯·立顿创立立顿品牌，1890年正式在英国推出立顿红茶，并打出广告语："从茶园直接进入茶壶的好茶。" 立顿早期就拥有专属的庄园，致力开发红茶的新品，并根据当地水质而生产匹配的产品 立顿创立品牌之初，按照吊牌颜色把茶分为黄牌、蓝牌、黑牌等，其中黄牌质量最好、价格最高，"黄牌精选红茶"即最具代表性的产品 立顿将原来用称重卖茶的方式，改为小包装方式，并在包装上标明茶的品质及店名 立顿的袋泡茶是其最引以为豪、最具代表性的产品 立顿红茶深受世界一百五十多个国家的红茶爱好者青睐，几乎成为红茶的代名词。目前无论是知名度还是销量，立顿均是全球第一大茶叶品牌，同时也是全球第三大非酒精饮料，仅次于可口可乐和百事可乐 1972年，立顿被联合利华集团收购 1992年，立顿进入中国，2008年徐静蕾成为立顿红茶的形象代言人	立顿黄牌精选红茶（Yellow Label Tea）： 世界最知名的红茶，由产自斯里兰卡、肯尼亚等地的优质红茶拼配而成，适合清饮或调制奶茶、柠檬茶等 锡兰茶（Ceylon Tea）： 产自锡兰立顿茶厂（锡兰即今斯里兰卡），香气自然清新、滋味爽滑 顶级格雷伯爵茶（Finest Earl Grey Tea）
哈洛德 Harrods	1849年，由哈洛德创办时仅是一家销售红茶的小食品行，如今已成为世界上最奢华的百货公司之一，被誉为美食殿堂 哈洛德的红茶秉承了公司品牌精神，产品由各产区的优质茶叶经过公司调配师用独特的配方秘制而成，以其优质而不菲的价格著称于世	No.14英式早餐茶（English Breakfast Tea） 锡兰红茶（乌瓦高地茶园，Uva Highlands）

续表

红茶品牌	品牌的创立起源及赞誉	代表性产品
韦奇伍德 Wedgwood	由英国陶瓷工业之父韦奇伍德在1759年创立，其陶瓷产品对英国红茶文化有着深远的影响 为展现传统红茶理念而推出的系列红茶产品，与其瓷器相辉映，共同诠释了红茶的高贵优雅	伯爵茶（Earl Grey）
布洛克邦德 Brooke Bond	1869年由英国人亚瑟·布洛克（Arthur Brooke）在曼彻斯特创立。布洛克邦德印度公司，1984年被联合利华旗下的HLL收购 布洛克邦德通过红茶混配工艺，使得之前由红茶当日品质决定的价格变得稳定。其红茶产品以较适合的性价比，受到世界各地红茶爱好者的喜爱	布洛克邦德茶（Brooke Bond Tea）：品牌旗下的一款著名红茶，深受苏格兰地区红茶爱好者喜欢
约克郡 Yorkshire	1886年成立于英国约克郡，其红茶产品一直为英国王室所钟爱，享有"Tea Fit for a King（适合帝王的茶）"的美誉	约克郡茶（Yorkshire Tea）：曾获得英国最好的红茶的美誉
杰克森 Jacksons	1840年创立于英国伦敦，因格雷伯爵所调制出的"格雷伯爵茶"而名扬世界	伯爵茶（Earl Grey Tea）
PG Tips	英国最知名的红茶品牌之一，创立于1869年，1960年率先在世界上开发出袋泡茶产品，1965年又发明了金字塔形的袋泡茶	PG Tips 袋泡茶
梅洛斯 Melrose's	1812年创立于苏格兰爱丁堡，所销售的红茶曾在1837年被英国维多利亚女王作为御用红茶	爱丁堡女王早餐茶（Edinburgh Queen Assan Tea）
狄德利 Tetley	始于1829年创建的狄德利商会，产品以亲近英国大众群体而备受欢迎，在法国、美国同样都拥有很高的人气	英式早餐茶（English Breakfast Tea）
温莎的达维尔斯 Darvilles of Windsor	拥有悠久的历史，第一家兼营食品和茶叶的店铺创立于1860年，此后相继六代传承，为红茶爱好者提供最好的产品，被行家誉为可以品尝的历史。1946年英国女王为其颁发皇家御用特许	大吉岭（Darjeeling）

注：本排名不分先后

川宁伯爵红茶

川宁英式早餐茶

福南梅森安妮女王茶

温莎的达维尔斯大吉岭

法国百年经典红茶品牌

1636 年，有"海上马车夫"之称的荷兰商人，把中国的茶叶转运至法国巴黎，因此法国比英国接触茶叶的时间还要早几十年。最初茶在法国被视为一种贵族饮料，只在上流社会中流行。目前法国已成为欧洲的最大饮茶国之一，人均茶叶消费量仅次于爱尔兰和英国。法国悠久的饮茶历史及人们对茶叶的热爱，为百年经典的红茶品牌的创立传承，提供了深厚的沃土。

法国百年经典红茶品牌

红茶品牌	品牌的创立起源及赞誉	代表性产品
达曼 Dammann Frères	1692年，达曼家族获得路易十四颁赐的全法国境内茶叶专营权，其后便与法国红茶文化与时俱进；20世纪初达曼在家族新继承者的努力下，产品得以迅速发展，独创性的调味熏香茶驰名法国及国际市场；2007年被意利集团（Gruppo Illy）收购	俄罗斯调味茶：品牌旗下的畅销品，将英式伯爵茶调制得更具有法国风味
达乐瓦伏 Dalloyau	创立于1802年的拿破仑统治时期，名声显赫，虽然旗下红茶产品种类不多，但其品质与美味与旗下的派及马卡龙甜点一道，深受各界名流的热爱	锡兰红茶（Ceylon Op）
玛氏 Mariage Frères	品牌名称的意思是"玛黑家的兄弟"，由玛氏两兄弟在1854年6月创立于巴黎，是对法国红茶文化做出巨大贡献的企业之一，当年所建立的门店至今依然在营运，吸引世界各地的红茶爱好者去登门体验	法式蓝伯爵（Earl Grey French Blue）法式早餐茶（French Breakfast Tea）创业纪念款1854 马可波罗（Marco Polo）
哈迪雅 Hediard	1854年创立于巴黎，目前已发展成法国首屈一指的高级食品公司，茶叶是公司重要的经营项目，旗下的红茶产品注重传统、品质及格调，为法国及世界的红茶爱好者所追捧	大吉岭（Darjeeling Tea）早餐茶（Breakfast Tea）
馥颂 Fauchon	1856年法国人馥颂在巴黎开设了一家小店，为顾客提供不易买到的"高级食品"，拉开了馥颂品牌的序幕，现已成为知名高端食品品牌。红茶是企业至今都非常重视的产品之一，企业注重红茶的品质品类，特别推出的具有独特熏香的调味茶极受欢迎	大吉岭（Darjeeling Tea）混合调味茶（Melange Fauchon）
贝奇曼·巴顿 Betjeman & Barton	创立于1919年，是法国有着悠久历史的红茶品牌之一，以"能从世界上数不清的茶叶品质项中，找到最适合顾客的好茶"为承诺，旗下茶叶产品以混合云南、阿萨姆、大吉岭、锡兰等茶叶的混合茶最具特色	大吉岭（Darjeeling Tea）阿萨姆混合茶（Autumn Blend）

注：本排名不分先后

贝奇曼·巴顿下午茶

达曼早餐茶

其他国家经典红茶品牌

红茶品牌	品牌的创立起源及赞誉
碧莱 Bewley's	1840年成立于爱尔兰，是爱尔兰最大的茶叶经销商，1835年从中国进口了两千箱茶叶，这是自打破东印度公司垄断后，茶叶第一次输入爱尔兰，从此奠定了碧莱在爱尔兰茶叶市场的地位 碧莱的红茶以其悠久的传统方式及高超的混配工艺生产的高端红茶产品令人赞叹
梅洛斯 Melrose's	1812年创立于苏格兰爱丁堡，其所销售的红茶，曾被英国维多利亚女王作为御用红茶
达乐麦耶 Dallmayr	18世纪成立于德国慕尼黑，其生产的混合红茶根据不同红茶采用不同的发酵方式，制作工艺精细
缇喀纳 Teekanne	有着130年悠久历史的德国老字号，其传统红茶产品深受喜爱
塔塔 TATA	塔塔（TATA）是世界第二大茶叶公司，仅次于印度斯坦联合利华 1837年泰特莱（Tetley）兄弟开始在印度经销茶叶，1856年创立公司，在欧美市场经营茶叶产品，1995年被塔塔（Tata）集团收购，泰特莱（Tetley）公司主要面向欧美的高端市场
A.C.Perch's	北欧最古老的红茶专营店，成立于1874年，是丹麦人最喜爱的红茶，为丹麦皇室御用

注：本排名不分先后

新晋红茶品牌

除了那些百年经典的红茶品牌，近几十年世界各国也相继创立了一些新的红茶品牌，这些新的红茶品牌以不凡的品质与品位以及不断开创的精神引领当今世界红茶风尚，为红茶爱好者所追捧钟爱。

新晋红茶品牌

红茶品牌	品牌的创立起源及赞誉	代表性产品
迪尔玛 Dilmah	斯里兰卡著名的本土品牌，1950年创立，品牌初衷是将最醇正的斯里兰卡红茶直接送达红茶爱好者	朗瓦缇（RAN WATTE） 雅塔瓦缇（YATA WATTE）
雅客巴 AKBAR	隶属于斯里兰卡最大的茶叶出口公司阿克巴兄弟有限公司（Akbar Brothers Limited），是世界著名优质红茶的代表	
亚曼茶 Ahmad Tea	创立于英国，率先将当时仅为上流社会享用的红茶，以平实的价格向大众推广，20世纪80年代经营者在英国开设红茶沙龙，在业内引发广泛影响；亚曼红茶极具英伦风情，其含义为"最美好的茶"	伯爵茶（Earl Grey Tea）
HUL	1933年在印度创立时名为LBIL，1956年更名为HLL，1984年收购布洛克邦德，2007年被联合利华收购重组改称为HUL	泰姬陵（Taj Mahal）旗下布洛克邦德的印度本土茶叶品牌
普利米尔 Premier's	1988年创立于印度，世界最知名的茶叶公司之一，在世界很多国家的茶叶市场上占有一席之地，近年来开始进入中国市场	新鲜花园大吉岭茶（Garden Fresh Darjeeling）
东印度公司 The East India Company	1600年由伊丽莎白女王颁令成立，最早将红茶带入英国，曾一度垄断世界红茶市场，1874年解散。1978年以当年的徽章、商标，重新获准注册，红茶产品亦重现17世纪的混合茶风味	伯爵茶 皇家早餐茶

续表

红茶品牌	品牌的创立起源及赞誉	代表性产品
茶宫殿 （桃花源） Le Palais Des Thes	当初由50位红茶专家与爱好者集资，于1987年在法国创立，产品由世界各产地精选的茶叶制作而成，深受世界红茶爱好者喜爱	
日东红茶	1927年诞生于日本，是日本第一个红茶品牌，并在日本首次引入茶包自动包装系统，一直引领着日本红茶文化潮流	

注：本排名不分先后

注：以上一些茶品牌名称的中文译名目前国内尚缺乏统一，不同书籍、产品推介平台等可能有所不同

① 亚曼果味红茶
② 雅客巴伯爵茶
③ 迪尔玛阿萨姆红茶

第五篇

甄 茶有千味，择己所钟爱

茶有千味，适口者珍。在知道了红茶的种类、分级，了解了国内工夫红茶的古往今事、外形内质，以及国外红茶的品牌、产地后，到了选茶、喝茶阶段时，该如何找到自己中意的一款红茶呢？

重点内容

· 在众多红茶中如何找到适合自己的口味
· 如何挑选、购买红茶
· 选购红茶时容易遇到的几个误区
· 存放红茶时需要注意的具体事项
· 几种比较常见的存放红茶的方式

如何选择、购买红茶

当你走进一座茶城，环顾周围一家家店铺，面对陈列架上如此之多的红茶产品时，是不是有种茶多到无从选择的感觉？就像孩子到了玩具店，顿时眼花缭乱，不知道买哪个好了……

中国茶还是外国茶

虽说中国红茶与外国红茶一树同根，但发展至今已经形成了两种完全不同的体系和茶文化。

所以如果你是从咖啡馆和写字楼、商务中心接触并喜欢上的红茶，那么可以由西式红茶入手；如果你周围都是喜欢中式红茶的茶友，而且你对中国传统的茶文化又特别感兴趣，那就从小种或者工夫红茶入手吧。对其中一种地域的红茶有了比较深入的了解后，如果有兴趣可以再逐渐去接触另一类别。

要找到自己喜欢的口味

无论是中国红茶还是国外红茶，品类和档次都实在是太丰富了，要想找到和自己口味相契合的茶款，还真不是一件容易的事情。所以对于初入手者来说，如果不太明确自己更喜欢哪种红茶，可以先找来两三种比对品饮一下。

譬如可以选用等级、价位差不多的滇红和闽红比较，因为作为大叶种的滇红和小叶种的闽红，在香气、滋味、汤色等方面，各有特色和所长，品饮后比较容易找到自己口感的偏好。然后再根据自己喜欢的类别，进一步进行尝试。国外红茶也可以以此方式，譬如选择大吉岭和乌瓦红茶品饮比较。

是刚入门，还是要深入品饮、研究，或作为礼品？

如果是刚刚喜欢上喝红茶，想在家中或者公司里，闲暇时或来了亲友时喝一喝，那么可以去著名的老字号茶店或茶品牌专卖店、连锁店，挑选自己在产地、口味方面比较喜欢，价位可以接受的红茶，散茶和包装好的红茶皆可。

国外红茶可以到超市的进口食品专区，根据口感和产地、品牌以及早上还是下午喝等因素，综合进行选择。

如果想深入了解甚至研究中国或国外红茶，可以先由广泛品类到单一品类，再到单一品类的逐渐深入，譬如喜欢中国的红茶，可以先广泛地品饮小种、工夫红茶，比较、体验不同工夫红茶的独特个性魅力，慢慢地找到自己感兴趣的某一种譬如滇红深入，再进一步研究滇红不同产区的不同特色，以及不同工艺制作出来的滇红带来的不同感官表现，逐步让自己能够凭着条索、汤色及品尝，就可以判断滇红的产区、工艺、等级、档次等。

如果想把红茶作为礼品馈赠朋友、客户，那就要首先了解对方是否喜欢喝红茶，喜欢哪种类型的红茶，是小种还是工夫，抑或外国红茶；是比较喜欢喝红茶还是一般品饮。如果不了解这些细节，可以根据对方的身份、与自己的亲疏关系、自己的预算等，选择相对应的品牌、档次、价位的红茶。如果是自己相对比较喜欢和熟悉的红茶，可以在赠送时尽量说明其特色，以让对方能够领会你的用心。

要搞清楚包装上的各类信息

国内红茶包装上的信息量相对会比较简洁，需要特别注意的是等级、产品配料、产地等。

国外红茶就相对比较复杂了，确定品牌后，还要看产地、等级，以及更详细的产区、庄园、年份，甚至还有茶料及口感的描述信息。

产品包装上的产品名称、产地、
配料、生产日期等信息

品牌、产品名称、产地、等级、重量、生产日期等信息

选购地点与试饮挑选

如果身边有经常喝红茶的朋友，可以由他们推荐比较合适的店铺。或者选择老字号品牌连锁店，或者大的茶城中的茶店。对于比较陌生的店铺，不建议初入手者去尝试，因为初入手者对红茶的品质特色等，还不具备丰富的经验和良好的判断力。

选购红茶时，如果要现场进行试饮，可以对自己准备购买的几款茶或者店家推荐的茶进行品饮，一般在茶店或专柜都可以做到。试饮时要注意观察条索、汤色、叶底，比较香气、滋味的感受，以确定要买哪一款产品。

品饮的过程中，要让店里导购介绍一些你想了解的特色，以及自己回家冲泡过程中要注意的事项，如茶具、一泡的量、选水、水温、冲泡时间等。因为茶店的茶艺师都经过专门的训练，店里的工具也相对比较专业，初入手者自己回家泡茶时，各方面的环节往往会导致茶的味道和店里不太一样。

红茶品鉴步骤

品鉴步骤	具体方式
1.置茶冲泡	在鉴定杯中置入3克红茶，冲泡150毫升沸水
2.闷泡	盖上杯盖浸泡3分钟
3.出汤	把鉴定杯中泡好的茶汤，倒入茶杯中，观察汤色，鉴定香气
4.取叶底	把鉴定杯中的茶底倒扣在杯盖上，用茶匙轻轻挤压出剩余的茶汤，观察叶底
5.茶汤与叶底的鉴定	把茶汤与叶底放在一起，对比着鉴定红茶的品质
6.品滋味	饮一口茶汤，大力吸一口空气，让茶汤在舌头上滚动，鉴定红茶的滋味

浙江大学茶
学系茶叶审
评实验室

茶叶审评
用具

试饮时以下四个方面要特别留意，以判断红茶的品质：

红茶品质对比

	合格的红茶	有问题的红茶
干茶	条索大小长度比较一致，比较有光泽，色泽比较统一，条索整齐不破碎； 干茶具有清香	大小不一，颜色比较花，有破碎（有这三种缺陷的两种以上）； 有股青气味或其他气味
汤色	明亮、光泽、清澈、透亮	暗深色，浑浊感，不通透
香气	清新宜人	有霉味儿、陈味儿或其他令人不舒服的味道
滋味	不论浓淡都比较自然、纯正	酸涩、苦干等，久不化开，嘴里、喉咙不舒服

选购红茶容易陷入的一些误区

盲目跟风迎合潮流

眼下某一种红茶比较红火，譬如金骏眉、古树滇红，几乎家家茶店里都在卖，周围朋友也都在喝，于是自己也要跟风去买来喝，或通过其他途径得到，即使自己根本不了解这款红茶，而且经济条件也不十分允许。这是非常不正确的选购红茶的方式，初入手者很容易被误导，甚至被山寨产品欺骗，然后容易产生一种错误的认识，"原来金骏眉就是这样啊"。

以为贵的和包装漂亮的就好

有些茶的价格是被炒起来的，有些高档的包装是为了提升茶价，给买茶者留下很尊贵的印象，或者觉得馈赠亲友很有面子，其实价格与实际价值未必成正比，并非是一分价钱一分货，很有可能花高价买来的漂亮包装里装的红茶，并不值那么多钱。所以初入手者不要被包装的精美豪华所迷惑，里面的东西如何才最重要。目前茶叶是继月饼之后，又一个有过度包装倾向的产品。

听信店主忽悠讲故事

红茶市场目前还处于上升期，缺乏规范，一些茶企或者茶店为了推销自己的产品，就会编出很多优美甚至玄虚的传说、典故等，或者为产区、茶树和工艺等赋予一系列的故事、概念，让购买者觉得这款茶是那么神奇、优质、难得，价钱是如此的值得，从而掏钱购买。初入手者千万不要被那些故事、概念所吸引，以免冲动消费花冤枉钱。

一开始买很多

初入手者最初购买茶时，不要一次一下子买一两斤，每回每种的量可以一二两为限，这一方面是因为刚开始购买时，喜好、口感还在培养阶段，很有可能过一段时间这款茶就不一定那么喜欢了；另一方面也可避免经济上的压力和浪费。如果某款茶喝着感觉不错，再继续加量购买。

如何存放红茶

怎么样去存放红茶，才不会失其真味？

红茶存放时需要注意的事项

如果买来的红茶近期不喝，需要存放一段时间；或者手头的红茶还没有喝完又买了新的；或者家里心仪的红茶比较多，朋友送的两款比较贵重的红茶需要储存起来，那么红茶应该怎样存放才最好呢？存放过程中要特别注意些什么呢？

总的来说，红茶要存储到阴凉、干燥、无异味的地方，并且密封，隔绝空气。

影响红茶保存的具体因素

红茶在存放过程中，阳光、温度、湿度、氧化以及环境中的异味等因素，会直接影响茶叶的色香味甚至品质，所以需要格外注意。

影响红茶保存的具体因素

	具体要求	不适宜的环境	造成的不良后果
阳光	避免阳光照射到红茶上，储存环境要避光	阳台或窗户下面，以及阳光能够照射到的地方都不适宜	在阳光长期的照射下，红茶会发生化学反应，其内含的茶多酚、茶色素等成分会被破坏，红茶的味道也会改变，这些都会导致红茶的品质降低甚至导致红茶变质
温度	红茶虽然不像绿茶那样储存时需要低温密封，但也应该避免高温，家庭存储红茶温度在10℃左右最佳	厨房、阳台、暖气、空调等附近不适宜	高温会使茶叶加速氧化，温度越高氧化越快，时间长了红茶就会变色变质
湿度	存放的环境忌潮湿，宜干燥	水房、卫生间或潮湿的储存室都不适合	红茶干茶内含有的糖类、果胶等亲水成分，容易吸收空气中的水分，导致红茶变质甚至发霉而不能饮用
氧气	要将红茶的包装密封，不要暴露在空气中，有条件的可以抽成真空，或者使用除氧剂		空气中的氧气会使茶叶中的茶多酚、类脂等氧化，影响茶叶品质
异味	每种红茶要单独包装存放，不要与其他红茶混装在一起，如果还有普洱、乌龙等茶类，更要分开区域存放。 更不能与味道比较浓烈或者特殊的鲜花、食品、饮料、水果、调味品、化妆品、香烟、香水、樟脑、油漆等放在一起	不能放在厨房、卫生间以及烟酒柜、衣橱、梳妆台等地方	红茶很容易吸附异味，形成一种很怪的味道，这会直接影响品饮时的口感，甚至使茶叶完全失去饮用价值

常见的红茶储存方法

储存红茶时最好选用比较适合的包装，初入手者可以根据自己的条件和喜好，从常用的方式中选用比较适合的或者有特色的使用。

现成的袋装、盒装

我们去茶店选购好红茶后，店家几乎都会用塑料袋或纸铝塑复合袋封装茶叶，再放到大的包装盒罐中。而在一些超市、品牌连锁门店买的红茶，基本都是用铝箔袋、铁罐、纸盒甚至锡罐、瓷罐等包装好的，有的为了隔绝空气，内包装袋还被抽成真空状态。我们打开包装取茶饮用后，如果还有剩余一定要再次把茶装好，将开口封严，避免潮湿和异味的侵入。

陶瓷坛罐封装

陶瓷坛罐是比较传统的装茶、存茶容器，一直为茶人们沿用。一般常用的有陶坛罐、紫砂坛罐、瓷罐、锡罐等，如果茶叶量比较多，可以用陶瓷、紫砂坛等储存。紫砂罐的材质质量不宜辨别，初入手者可以选购其他材质的、相对物美价廉的坛罐来存茶。

玻璃器皿封装

以前人们常用暖水瓶胆来存放红茶，他们先将暖水瓶清洁后，再放入茶叶，盖严瓶塞。但这种存茶的方式对于初入手者来说，存放取用都不太方便，所以一些常规的玻璃瓶罐相对更加适合，而且在超市也比较容易买到。只是玻璃罐是透明的，装好红茶后要避免被阳光直射到。另外玻璃器皿易碎，要防止磕碰撞击。

金属盒

金属盒是相对比较物美价廉的存放红茶的容器，尤其是铁盒铁罐，不但取用比较方便，而且不透光又不怕磕碰。但有的金属盒因油漆等原因会有异味，所以最好用塑料袋封好后，再装入金属盒内。

塑料袋、纸袋

这是最常见、最常用的方式。塑料袋、纸袋品种繁多、样式各异、容量可选、简单易用、价格便宜，但取用红茶后要注意密封好开口处，以免进入潮湿空气以及其他异味。另外，塑料袋不适合长期存放红茶，因为塑料时间长了容易变质、破漏，而且长期存放时，塑料的味道也会被茶叶吸入。

各种包装材质的特性及优劣

器具	材质	特性与优缺点	注意事项
罐装	陶瓷、紫砂	紫砂有很好的透气性，但购买时需要较高的鉴别水准 瓷罐要选择罐内釉面清爽整洁，罐盖密闭较好的	瓷罐虽比玻璃结实，但也要注意避免磕碰 另外有的罐盖的密封层会有封胶的味道，放茶前需要打开晾一段时间，以便散味儿
	玻璃	物美价廉。比较容易看到罐子里装的是什么红茶，但容易破碎且不避光	避免磕碰，避免阳光直射
	金属	隔光、隔空气、隔水、隔异味，方便、可重复使用，经济适用	可以将茶装在内袋中，再放入铁罐中，以防止金属罐生锈或者掉漆时影响红茶的品质
	纸质、木质、竹质	外观比较精美，适合与铝箔袋、塑料袋搭配长期存茶	有的纸罐和木罐、竹筒会有胶水或者纸与木材本身的味道，容易被茶吸附，通常要与铝箔袋、塑料袋一起使用，效果会更好些
袋装	塑料	价格便宜，快捷方便，但透过性强，材质良莠不齐，有的会有塑料异味。不适合长期存放红茶	要注意材质的选择，不能有异味。封口拆开后，要注意密封
	纸铝塑复合	密封性好，不透光，跟塑料袋一样实惠而且更好用	可与茶罐搭配一起使用，效果更好
	牛皮纸	外观朴拙，但纸袋密闭性欠佳，不适宜长期存放红茶	通常与茶罐或者塑料袋一起搭配使用

不论是用塑料袋、金属盒、玻璃器皿还是陶瓷、竹木，最好装茶之前把盖子打开，散一下里面的塑料味、油漆味或者油墨味、封胶味，然后用干净的棉布或餐巾纸擦拭清洁一遍。最好的方式是取一点即将要装入的红茶，放进盒子或罐子里盖上盖子摇动，里面的茶叶会将异味吸走，倒掉擦净就可以放茶叶了。

如果有条件，可以专门开辟一个空间甚至屋子存放红茶，或者配备一个储藏柜存放红茶。可以准备一些木炭、石灰或其他干燥剂，放在储存的空间内除湿干燥。

第六篇

激活灵韵，如何泡好一杯红茶

置器烹水、闻香识色、加料调味、轻啜细饮，雕琢红茶时光。

重点内容

· 如何选择一套适合且喜欢的红茶茶具

· 红茶品饮都有哪些常见的方式

· 红茶冲泡对水有何要求

· 红茶冲泡过程中，要注意哪些环节和细节

· 使用不同的茶具进行冲泡，具体的步骤都有哪些

· 怎么才能制作、冲泡出地道的调味红茶

· 奶茶、花果茶、冰红茶等如何制作冲泡

如何冲泡品饮红茶

其实泡一大杯子茶大口牛饮，与泡壶工夫茶小口地品饮，都是喝茶，只要自己喜欢。只是前者实在有些粗犷甚至暴殄天物了。有人钟情红茶的原汁原味，有人喜欢调配的多滋多味，各取舌尖感受，只要得其所法就好。

传说红茶刚进入国外那会儿，老外没见过这东西，不知道是应该干炸、红烧还是炒着吃，于是想当然地拿水煮了后把汤倒掉，往茶叶里放进油盐酱醋调味后大快朵颐——当然这只是传说，不过也可以从一个侧面说明，为何红茶输送到西方后，会演绎出那么多的调饮方式，加糖、加奶、加花果、加香料、加冰块甚至加酒、加精油，等等。

西方人第一次喝到与咖啡、可可味道迥异的茶汤时，难免会觉得怪异，就像我们有的国人第一次喝咖啡后，评论说味道像"鸟屎"。于是自然而然地会琢磨往里面加进其他可以调味的东西，首先想到的很可能就是糖。加糖后觉得味道果然改善了很多，于是在喝红茶时加糖就成为英国人的习惯。红茶里加糖还有一种推测是，当初进口到英国的红茶

是经由印度的港口，而印度人往茶里加糖的品饮方式影响到了英国的船员，于是他们把这个习惯带入了国内。茶匙、匙托、糖罐、糖夹子，也因此成为英国人喝红茶的标配。

而在法国，一位名叫赛维涅的侯爵夫人喜欢往红茶里添加牛奶，慢慢地这种方式开始流行，到18世纪时已成了一种喝红茶的普遍习惯。

我们虽然无法准确考证当初英国人往红茶里加入各种东西的原因，但是可以肯定的是，因为红茶具有一种超越别的茶类的极强的兼容性，所以加进各种东西后味道都不错，甚至让红茶具备了另一种风味，这也许是红茶到了外域完全变了喝法的根本原因吧。

时至今日，我们国内虽然依然保持着自己传统的红茶品饮方式，但与此同时，受西方红茶文化的影响，国内一些红茶爱好者从一开始接触的就是国外的品饮方式，于是在我们中国，喝红茶的方式多种多样，形成了中西两类不同的红茶文化。

冲泡品饮红茶的茶具

骏马配好鞍，美器配佳茗。在购得了一款好红茶的同时，还得去寻觅一套精美的茶具。

在中国古代，文房有四宝"笔、墨、纸、砚"，茶房也有四宝，潮汕炉、玉书碨、孟臣罐、若琛瓯。古代文人一边喝着茶，

一边挥毫写诗作画，何其风雅。

中国的茶具发展到今天，虽已不及古代那么繁复讲究，变得简单、精致，但依然种类繁多、型质优美。目前普遍使用的电炉、钢质开水壶、茶盘、盖碗和小茶杯，被称为新茶房四宝，经常喝茶的话可以在家里备一套。

而英国人在喝下午茶时所配置的茶器，其繁复、讲究程度可以说不亚于我们的茶房四宝。

作为一名刚上手的红茶爱好者，虽然不必预备一套高端大气上档次的茶具，但茶具至少也得秀外慧中、得心应手、合己所好。所以品饮红茶时，可以根据冲泡品饮的方式，选择相应的茶具。

茶具除了泡茶功能外，还兼具艺术品特质，不论紫砂壶还是瓷器，均融造型、绘画、书法于一体，品茶论艺兼得，其珍品还能把玩收藏。

中式红茶茶具

在泡茶过程中，不同的冲泡方式所配置的相应茶具也略有不同。

茶具及配套

冲泡方式	材质	配套	备注说明
茶壶	有陶、瓷、玻璃、紫砂、金属（不锈钢、锡、银）等材质	主要配有茶匙、茶滤、公道杯、品茶杯等	不同材质的茶壶茶杯，会带来不同的泡茶效果和感受，例如紫砂壶的透气性和对茶香的蕴化，白瓷壶的保温及对红茶色泽的映衬，玻璃壶可以观察到茶叶、汤色在壶内的变化，但保温性略逊于紫砂壶和陶瓷壶 铁壶不适合泡红茶，因为铁易与红茶中的成分产生化学反应，使汤色变黑、口味变差
盖碗	陶瓷、玻璃	茶匙、茶滤、公道杯、品茶杯	利用盖碗可以更直观地欣赏红茶的冲泡过程、汤色变化、叶底特征，而且方便清洁。但是盖碗泡茶技艺不易快速掌握
茶杯	陶瓷、玻璃	品茶杯	适合在办公室、酒店等场合使用，一般在泡茶包或简单喝红茶时使用 需要特别说明的是，在使用白瓷或青花瓷的茶杯品饮时还能观赏到红艳的汤色效果，玻璃茶杯可以让饮者透过光线去欣赏汤色的清澈红亮
其他	陶瓷、玻璃	品茶杯	目前市场上有新型的集合茶具，将壶与茶滤、公道杯集于一体，可以简化烦琐的泡茶程序，如飘逸杯，尤适合喜欢红茶但却没有时间去慢慢冲泡的年轻人、上班族使用

①白瓷盖碗、玻璃公道杯
②品茶杯
③煮水陶壶、白瓷壶
④公道杯、品茶杯
⑤紫砂壶、品茶杯
⑥玻璃套壶及品茶玻璃杯

英式红茶茶具

中国的瓷器茶具伴着红茶一起传到英国，所以英国人的茶具也多是瓷器材质，不过到如今英国人已经形成了自己的风格韵味，其代表为骨瓷。骨瓷在烧制过程中加入了动物骨粉，瓷的颜色呈现出一种雅致的奶白色，用以与英国皇室的高贵身份相匹配。此外茶具的材质还有玻璃和银、锡、不锈钢等金属质料。

英式下午茶茶具包括茶壶、红茶杯、茶匙、茶碟、茶滤、沙漏（计时器）、保温罩、奶盅、糖罐、点心架等，自成一套完整的体系。其中奶盅、糖罐是下午茶所特有的、不可或缺的配置。除此之外，英式茶具还包括茶罐、烧水壶、饼干夹、水果盘、切柠檬器等。

英式茶具及
下午茶茶具

品饮方式

同样的一款红茶，既可以清饮也可以调饮，可以用壶冲泡，也可以直接用杯子喝。红茶的品饮方式，在六大茶中算是花样较多的了。

红茶的具体品饮方式，如果按照是否在茶汤中加入调料佐味，可分为清饮法（也称中饮法）和调饮法两种；如果按使用的茶具类型，可以分为壶饮法、杯饮法、盖碗饮法；如按过程形式，有工夫饮法和快速饮法；如按茶汤浸出方式，有冲泡法和煮饮法。不管采用哪种方式，只要自己喜欢就好。

清饮与调饮

清饮法

红茶可以清饮，一边欣赏着红亮、清澈的汤色，让悠长的香气充满鼻翼，一边让舌尖细细品味芽叶中浸出的原汁原味的醇美馨香。

调饮法

红茶也可以调饮，在茶液中加入奶、果汁、蜂蜜、花草甚至葡萄酒，可以调制出滋味更加丰富、口感各具特色的多姿与多滋的调味红茶。

杯饮、壶饮、盖碗饮

盖碗饮法

盖碗泡法最好使用白瓷杯，这样可使茶汤与茶具色泽形成直接对比和衬托，更突出茶汤的鲜艳、红亮之色。冲泡时先在盖碗中加入红茶，然后将沸水注入茶碗，再加盖闷泡、出汤，即可饮用。

杯饮法

即用玻璃杯或瓷杯冲泡品饮，泡法简洁。泡茶时首先将红茶放入杯内，然后将热水冲入杯中，浸泡后快速将茶汤倒到茶杯中饮用。

如果用杯子直接饮用泡好的红茶，那么里面的茶叶很有可能会喝入口中，造成品饮的不便，所以可以使用有过滤功能的玻璃或瓷套杯进行泡饮。

如果是冲泡茶包，则首先将杯子中加入开水，然后将茶包沿杯子放入，盖上杯盖静置两分钟后将茶包在水中摇晃几下取出，就可以饮用了。

茶包的杯泡过程：

1. 玻璃杯中倒入沸水，将茶包置入水中，静置两分钟后，上下晃动两次取出。

2. 观汤色、品饮。

茶包的壶泡过程：

1. 将茶包置入水中，静置两分钟后，上下晃动两次取出。

2. 将壶中泡好的红茶，倒入杯中品饮。

茶包是如何被发明出来的

在 20 世纪初，一位纽约的茶商为了推销他的红茶，每次都将散茶装入丝质的小袋中制成茶样，寄给他的顾客试喝，可是顾客收到茶叶后没细看说明或者没有理解，总是有人直接把这些茶包放进热水里浸泡。茶商发现这种泡茶方式非常简便，于是慢慢将其发展成了商品形式，茶包就这样意外地被发明出来了。后来经过数次改进，茶包才形成了今天的样子。

壶饮法

把红茶放入壶中，加沸水冲泡后从壶中慢慢倒出茶汤，用茶滤将茶渣和茶汤分离，分置各小茶杯中饮用。目前市场上有集成茶滤的玻璃或瓷壶，可以直接省去分离茶渣的程序。

冲泡法与煮饮法

冲泡法

即上文说到的杯饮、壶饮的具体方式，也是我们最常见的品饮方式。

煮饮法

多见于西方一些国家及我国少数民族地区。首先将红茶置入金属壶或咖啡壶，再加入清水煮沸，然后冲入预先放好奶、糖的茶杯中，或者将奶糖等放入壶中与茶一起煮后饮用。

工夫饮法和快速饮法

工夫饮法

工夫茶饮法是指中国传统的工夫红茶的品饮方法，这种饮法，需要饮茶人在"品"字上下功夫，缓斟细品出茶的醇味，获得精神上的收获。

快速饮法

主要针对红碎茶、袋泡红茶、速溶茶等红茶的品饮，如上文的杯泡法，一般只冲泡一两次茶汁就基本出尽了。

水的选择

有了茶有了器，还要有水，这样茶的灵性与神韵才能被激活焕发。

古今泡茶取水来源已不同

古代泡茶用水，一个词可以概括，那就是讲究，再用一个词就是费鞋。古人各种茶书论著里都有对水的论述，甚至将全国各地不同源头的水进行品评。茶圣陆羽曾在《茶经》中将山水、江水、井水依次排位，论其优劣。

古代出现这种状况是由于当时用水均取自天然，而且水的来源不同，它的软硬度就各有差别，会直接影响泡茶的效果。所以古代茶人才要费尽周折，甚至走千里路体验品评，去找到一种最适合泡茶的水源。

但是如今不同了，我们的饮用水基本是自来水或者一些桶装、瓶装蒸馏水、矿泉水，已经很少取自山泉、水井、江河之中，或者收集雨雪露水了。加上环境恶化对水的污染等因素，古代茶人的水论，在今天已难有实际的应用的价值。当然现在依然有人为了求得一口不寻常的茶味，而千里迢迢地去找水。

对于红茶爱好者来说，用自来水或桶装水泡茶是比较经济便捷的方式，不过自来水因为用氯化物消毒，所以最好在洁净容器内存放一段时间后再用。当然如果条件允许，或者手头要泡的红茶比较金贵，可以购买市场上的泡茶专用水。

水的软硬度也会影响到茶的滋味香气

水的软硬度，是以每升水中钙离子和镁离子的浓度来衡量的。较软的水泡出的红茶，滋味比较浓郁、香气较高、汤色清澈而偏淡；而用偏硬的水泡的茶，汤色会比较暗红、茶香较淡、滋味会稍

水的 pH 值及矿物元素含量影响茶汤的实验
（图片由《茶文化与茶健康》作者王岳飞、徐平提供）

有涩感。稍软偏中的水，最适于泡茶。

不过对于那种滋味比较浓郁刺激，含有花香、熏香的国外红茶，用稍硬的水则可以使其滋味变得醇和，香气转为柔和，品饮更加顺口。而口味较清淡的红茶，用软水冲泡会使其味道变得更加明显，香气强烈的红茶味道则会更加提升。所以可以根据红茶的特性与口感，选择软硬度不同的水来泡茶。

一般可以通过煮沸或者用净水器使硬水软化。市场上卖的矿泉水因富含矿物质，水质会相对比较硬；而蒸馏水、纯净水中的离子被去除了，所以水质比较软。

冲泡技巧

总的来说，泡茶用水的软硬程度、温度高低、量的多少及冲泡时间的长短，都会对茶叶冲泡后溶出的内在成分，及茶的风味产生很大的直接影响。所以要想泡出一杯比较理想的红茶，就需要在泡茶时掌握好水温、水量、时间及过程，这样才能使冲泡出的茶汤中各种元素挥发充分、滋味甘鲜浓淡适宜、汤色清澈明亮。

水的温度

"其沸如鱼目，微有声，为一沸；缘边如涌泉连珠，为二沸，腾波鼓浪为三沸，已上水老不可食也"，这是茶圣陆羽在《茶经》中对所谓"沸水"的描述，茶圣认为水到三沸时就已老，不适合泡茶了。

在泡红茶的过程中，水温的确成为影响茶叶滋味和香气的重要因素之一。一般水温越高，茶中所含各种物质被溶出得越多，茶汤就越浓，反之水温低，溶解度就小，汤色也较淡。

我们平时喝的小种和工夫红茶，因为等级质量的关系，泡茶最适宜的水温是在90℃～95℃，而且冲泡时间不宜长。所以水温也是检验红茶品质的一个很好的方法，因为好茶不怕开水泡。

对于国外红茶，像斯里兰卡产区的红茶，涩味会较明显，可以使用80℃～90℃的热水冲泡，虽然滋味香气不如沸水那么浓烈，但口感会更顺滑一些。

另外水的煮沸时间长了，或者反复煮沸，也会使水中的含氧量迅速降低，不能充分引导出红茶的香气以至影响口感。

水与茶的比例

茶和水的比例不同，泡出来的茶味也会多少有些差别。茶、水的量可以取决于以下两个方面：

首先是泡茶的壶或盖碗大小，以及几个人来喝。对于小种和工夫红茶来说，通常3～5克是比较惯常的下茶量，很多红茶的小包装也是以此量为标准。一个人喝茶的话，3克比较适宜，水则需要150毫升左右，即1克茶50毫升水的比例比较适度。但是品饮国外红茶时，3～5克的茶叶则需要300～400毫升的水量，同时还要根据红茶的分级情况如碎茶还是末茶，对水茶比进行调整，尤其是泡末茶时。

其次是每个人对茶的浓淡喜好不同，可以根据容器的大小，适量调整茶与水的比例，以泡出自己喜欢的浓淡。要找到更适合自己的茶与水的比例，还需要在泡茶过程中不断地去总结和调整。

冲泡时间

冲泡时间的长或短，也会对红茶的味道、香气产生不同的影响；时间短则味道淡、香气不高，如果时间长了，茶汤也会过于浓重，滋味偏苦涩，香气也变得涣散。

品饮小种和工夫红茶时，如果是以嫩芽为原料做的红茶，时间宜短，叶老及粗大者时间可稍延长。从第二、第三泡起，每次时间比上泡适度顺延。如果是比较随意地品饮，可以少放些茶多泡一会也没关系。

红茶的冲泡次数因茶的品质级别及每次泡茶时间而有所差异，通常的情况下可以泡 3 ～ 5 次，如果品质比较优异，每次出汤比较快，则八九泡甚至十几泡都没问题。确认红茶能否继续再泡时，一方面可以通过茶味的浓度感知，另一方面可以闻一下叶底是否还有茶香气。

国外红茶的冲泡时间，如果使用瓷壶的话，需要 3 ～ 5 分钟，可以根据干茶的情况进行调整，譬如对于比较整、紧、重的产品可以适度地延长，反之则缩短；涩味比较明显的，可以将时间稍微缩短，因为这时涩味还未溶解，茶汤的滋味会更加清爽些。

以上的冲泡时长和次数都是就惯常而言，红茶爱好者可以根据自己的喜好和习惯来调整。譬如笔者本人泡茶更偏好用水温 95℃以上的沸水倒入放红茶的盖碗内，泡的过程中将第一次出汤的时间缩短到 10 秒以内，第二泡的时间在 20 秒内，之后的每一泡再适度延长，这样可以细细品饮和充分体验每一泡红茶在滋味、香气和汤色上的舒展变化，尤其是品质比较高的红茶，更是让人觉得妙趣横生。有时上班或者实在没有时间慢慢泡茶，就用飘逸杯，迅速地每一泡出汤，然后把每泡茶汤倒在大玻璃杯中，一边电脑打字，一边端起来喝一大口，亦很快哉！

冲泡过程

单纯就清饮而言，冲泡红茶的过程基本都要经过以下顺序的几个流程，而各工夫红茶在茶艺演绎过程中，在冲泡流程中添加若干不同的环节，让饮茶者在品饮时，更加充分地感受、体验不同种类红茶的特性与文化。

红茶的具体冲泡过程

冲泡过程	过程描述	作用功效	备注
备器洁具	饮红茶前将茶具备齐，如壶、杯盏、茶滤等，一一清洁，并用开水浸烫壶或盖碗、公道杯、茶杯等	泡茶的壶或杯子烫热后，能够更好地泡出红茶的滋味香气。另外冷壶、冷杯也会降低冲泡沸水的温度，影响泡茶效果	准备茶具时，可根据要饮用的红茶选择合适的茶具，如壶还是盖碗
量茶入器	用茶匙将3～5克的红茶放入壶或者盖碗中		放茶的同时可以观赏干茶的条索色泽
煮水泡茶	将水煮至沸腾，然后注入放干茶的壶或者盖碗中，闷泡2～3分钟（水温及冲泡时间可适时调整）	使茶叶中的物质充分溶出，进行品鉴	注水比例可根据干茶克数、水温、时间、所泡红茶品质等进行调整
闻香观色	红茶泡好后，可以闻茶香和欣赏汤色	品饮之前先鉴赏红茶的品质特性，领略红茶的香气与汤色带来的美好感受，尤其是等级比较高的红茶	如果用盖碗冲泡，也可以通过嗅闻碗盖进行体验。这个过程也可以将茶汤注入白瓷或玻璃的公道杯中进行
斟茶品饮	将泡好的红茶汤，倒入小茶杯中，细细品饮、慢慢欣赏其滋味的甘醇	到了这个环节，红茶的外秀内惠才真正地融为一体，而饮茶者也将通过体验欣赏，获得从感官到精神的愉悦与升华	在这个过程中，同时还可以对红茶的叶底进行鉴赏。再结合条索、色泽、香气、汤色、滋味，完成对一款红茶的全部品饮鉴赏过程
清理归位	品饮完毕，倒掉茶渣，将茶具清理归位		茶渣废水容易发霉变质、滋生细菌，如不及时清理，不但会对身体健康不利，而且也会对茶具造成一定的损害，尤其在盛夏季节

备器
洁具

量茶
入器

煮水
泡茶

闻香观色

斟茶品饮

洗茶

需要说明的是，对注水泡茶阶段的"洗茶"流程，茶人间有着不同的看法。

坚持要洗茶的认为，洗茶可以洗去加工过程中条索表面沾上的灰尘农残等污物，另外可以"醒茶"，有益于舒展芽叶。

不赞成的观点认为，洗茶相当于第一次冲泡，即使速度很快，也会把一部分成分洗掉而品饮不到，另外红茶尤其是品质比较高的，在加工运输过程中不会轻易被污染。

笔者觉得有些散茶，如果你不能确定在制作存放过程中卫生条件都很严格，那么可以洗一下，但注意洗茶过程中水温不宜高、水量不宜多，而且出汤速度要快。但是比较高端的红茶，以及买时就带有厂家正规包装的，可以不用洗。

当然，泡红茶洗茶与否，还是看自己的喜好与习惯吧。

笔者基本上第一泡茶不会倒掉，不论是否知道所喝这款茶的来历。而且还常常通过第一泡茶汤去判断此红茶的品质。至于洗茶是否能够洗去农残，红茶在加工过程中进行了揉捻，茶汁液已渗透在叶中；洗一遍茶就能将所有的农残等污物洗净吗？这不过是一种心理作用罢了。

使用不同茶具的具体冲泡步骤

盖碗冲泡红茶

具体步骤：

1. 备具、煮水：准备好泡红茶所用的盖碗、茶滤、公道杯、小茶杯等茶具，齐备后开始煮水。

2. 清洗、温碗、杯：用沸水清洗冲烫盖碗、公道杯、茶杯，同时起到加温作用。

清洗茶具、
温器

清洗茶杯

3. 置茶：将欲泡的红茶置入盖碗内。

投茶置入盖碗

4. 冲泡：将沸水按比例冲入盖碗，盖上碗盖闷泡。

注水冲泡

5. 出汤：将泡好的红茶茶汤，通过茶滤，倒入公道杯中。

出汤、滤茶到公道杯

6. 闻香：拿起碗盖细细品闻碗盖上汇集吸附的红茶香气。

闻茶香

7. 观汤色：观赏公道杯中的红茶汤色。

观赏汤色

8. 分茶：将公道杯中的茶汤，依次倒入品茶杯中，观赏汤色，准备品饮。

分茶、观赏汤色

9. 奉茶：将杯中的红茶敬献给客人品饮。

奉茶敬献客人

10. 品饮：拿起品茶杯，闻香，小口细细品味红茶的滋味。

闻香、品饮

盖碗的使用技巧：如何使用盖碗不烫手

　　选择盖碗时，碗的边沿要斜向外张，碗边沿与碗盖边的距离不要过窄，否则茶水容易溢出烫到手。另外就是碗盖的盖纽要相对高些，比较短窄的也容易烫手。

　　在冲泡茶的时候，盖碗内入水不能超过碗盖的边沿。

　　出汤时，碗盖稍斜放，留出一道缝隙便于出汤。拇指、食指和中指握住盖碗时，既要能抓紧又尽量减少接触面积，无名指可轻托碗底，而小指扶助无名指。

　　尽量多多练习，熟能生巧。

持盖碗的方式

壶冲泡红茶

<u>紫砂壶冲泡</u>

具体步骤：

1. 备具、煮水：准备好泡红茶所用的紫砂壶、公道杯、茶滤、小茶杯（最好是白瓷杯或挂白釉的紫砂杯）等茶具，齐备后开始煮水。

紫砂壶与品茶杯

2. 清洗、温壶、杯：用沸水清洗紫砂壶、公道杯、品茗杯，然后再用热水淋浇壶体，以加温紫砂壶，利于茶性激发。

温壶

3. 置茶：用茶匙取红茶、赏茶，置入紫砂壶内。

投茶入壶

4. 冲泡：将沸水按比例冲入紫砂壶，盖上壶盖闷泡。

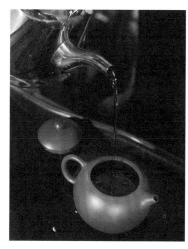

注水冲泡

5. 出汤：将泡好的红茶茶汤，倒入公道杯中。

倒茶入公道杯

6. 分茶：将公道杯中的茶汤，依次倒入品茶杯中。

分茶入品茶杯

7. 观汤色、品茶：观赏杯中的红茶汤色，并拿起杯了闻茶香、品饮。

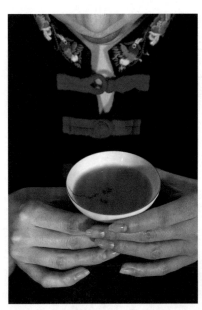

闻香、品饮

白瓷壶冲泡

具体步骤基本同紫砂壶冲泡：

1. 清洗茶壶、公道杯、茶杯。

2. 注水冲泡。

3. 将冲泡好的红茶倒入公道杯。

4. 分茶到品茶杯。

5. 观汤色、品饮。

玻璃壶冲泡

玻璃壶有带内胆和不带内胆的两种。不带内胆的可以在冲泡过程中欣赏冲泡时红茶在壶内的舒展变化。

带内胆玻璃壶冲泡步骤：

1. 温壶、温杯：将沸水注入壶中清洗、烫壶，然后用壶中的热水冲烫品茗杯。

2. 置茶：取红茶置入玻璃壶内胆中。

3. 冲泡：将沸水冲入壶内胆。

按住摁钮，将泡好的茶汤分出

4. 取出内胆：将壶中浸泡过的盛茶内胆取出。

5. 出汤、观汤色：观赏壶中已泡好的红茶茶汤。

6. 分茶：将壶中的茶汤倒入品茶杯中。

7. 品饮：细细品味红茶。

如何冲泡品饮调味红茶

一杯地道的调味红茶，不仅会让你品味到红茶别具特色的魅力，同时还能让你产生对异域文化的无限遐想。

奶茶的制作冲泡方式

一般奶茶的制作冲泡

原料	制作、冲泡过程	备注说明
红茶：5克（或茶包一袋） 鲜奶：50 ~ 80毫升 方糖：适量	●冲泡红茶： 将红茶放入茶壶或冲泡杯中，冲入开水适量，闷泡3分钟左右 ●出汤倒茶： 将冲泡好的红茶过滤倒入茶杯中 ●加奶： 将牛奶缓缓倒入茶汤中，搅拌均匀 ●加糖： 加入适量的糖，搅拌均匀后即可饮用	●红茶可选用阿萨姆、锡兰等滋味较浓郁的品类；在办公室等场所，可选用袋泡红茶，更加便于制作冲泡 ●鲜奶是用全脂还是低脂可依个人口味而定 ●如果在办公室用鲜奶不方便，可用奶精替代 ●奶的温度宜室温或加热，最好不要过于冰冷，否则倒入茶汤中，容易形成乳蛋白的小颗粒影响茶汤美观及奶茶口感 ●也可在鲜奶中冲入泡好的红茶茶汤，搅匀饮用 ●可按照个人口味及品饮人数，对红茶、奶、糖的数量进行调整 ●奶的比例稍多时，奶茶口感会更香浓顺滑 ●喜欢原味者可以不放糖或蜂蜜

注：此方式比较简便易行，如果条件允许，也可以把红茶煮泡后进行奶茶制作，具体过程可参照图示。

奶茶煮泡品饮的具体过程：

将准备好的红茶倒入锅中

煮茶的锅灶及计时器

按比例加入适量的水

开始煮茶

将煮好的茶汤倒入壶中

加奶、加糖、搅拌均匀

品饮香醇甜润的奶茶

英式奶茶的制作冲泡

原料	制作、冲泡过程	备注说明
红茶：5克 鲜奶：100毫升 巧克力酱：15克 蜂蜜：15毫升 白兰地：8毫升 肉桂粉：3克	●冲泡红茶： 红茶置入壶中，加入开水适量冲泡 ●加奶： 壶中倒入鲜奶并搅拌 ●添加辅料： 将巧克力酱倒入壶中，用长匙稍作搅拌，再加入准备好的蜂蜜 ●煮茶： 将壶中的奶茶煮沸，然后转入文火煮1～2分钟后关火 ●加辅料后出汤： 加入肉桂粉和白兰地酒，搅拌均匀，将壶中的奶茶过滤后倒入杯中即可饮用	●红茶和奶的选用与数量，可参照一般奶茶的制作冲泡方式 ●也可先加热鲜奶，在其中加入巧克力酱溶解，之后再放入红茶一起煮沸 ●如果不喜欢或不习惯肉桂粉及白兰地的味道，也可少添加 ●原料的具体数量，可按照个人口味及人数进行适当调整 ●如果没有大容量的煮壶，也可选择平底锅，但最好不要用铁制的

英式奶茶的来历

红茶刚传到英国时，也是与中国一样清饮，之所以后来奶茶成为主流方式，其成因有以下两种说法。

从中国西藏间接传入

我国西藏地区习惯将奶放入茶中煮饮，这种方式后来传入了印度，英国人在印度学到这种方式后，又带到了英国，之后便流传开来。

从中国广州间接传入

这种来历的大致说法是，17世纪初荷兰使节造访广州时，中国官吏曾用加了奶的红茶招待他们，荷兰使节比较喜欢这种奶茶的喝法，回到荷兰后继续用此法饮茶。随后约克公爵夫人又将这种荷兰风行的奶茶传到了英国，受到了英国上层贵族们的喜欢，逐渐在英国成了一种潮流。

皇家奶茶的制作冲泡

原料	制作、冲泡过程	备注说明
红茶：5克 牛奶：200毫升 水：200毫升 糖：适量	• 煮水： 将水注入壶中，烧开后关火 • 煮茶： 将红茶放入壶中，文火煮半分钟 • 加奶煮开： 在壶中加入鲜奶，继续用文火煮1分钟 • 出汤加糖： 把壶中煮好的奶茶过滤倒入杯中，加糖适量即可饮用	• 也可先将牛奶和水在壶中煮开，然后加入红茶一起煮沸 • 制作冲泡过程亦可简化，可将红茶用沸水冲泡好后滤出，加入鲜奶和糖搅拌均匀即可 • 茶汤与鲜奶各一半的比例，可调和出香浓顺滑的口感 • 没有大容量的煮壶时，可用平底锅制作奶茶

英式奶茶，先加奶还是后加奶

这是个长久以来争论不休的话题。

在17世纪的时候，英国的瓷器遇到滚烫的热茶会出现裂痕，再加上当时茶比奶贵，所以在调制奶茶时先加牛奶。这样一方面可以使温度降低，在保护杯子的同时避免浪费茶水，一方面也可以控制奶量，于是慢慢成了一种习惯。

在上流社会的茶会上，一些贵族为了显示自己的品位和格调，炫耀自己的瓷器都是来自中国、日本，美观而又坚固，不会因倒入热茶而破裂，特意先倒热茶而后加入牛奶。

随着一些比较耐高温、不易破裂的瓷器的出现，先倒入热茶杯子也不会被烫坏，这就渐渐引发了奶应该先加还是后加的讨论。

到了近些年，一些机构研究发现先倒茶后加奶，会因为奶的温度过高而使茶水失去新鲜的口感，于是号召先加奶后倒茶。

后加奶的观点则认为，先倒茶然后一边搅拌一边加牛奶，可以非常准确地掌握牛奶的量。

不过到底是先加奶还是后加奶，最终还是要看个人的喜好，自己喜欢的才是最好的。

伯爵奶茶的制作冲泡

原料	制作、冲泡过程	备注说明
伯爵红茶：5克 鲜奶：100毫升 奶油：10毫升 蜂蜜：适量	●煮水： 壶中加入水烧开 ●加奶、煮茶： 加入鲜奶煮开，放入奶油、红茶再煮，开后文火煮1分钟 ●出汤： 将煮好的奶茶过滤倒入杯中	●伯爵奶茶口感浓郁而且比较爽神，在欧洲是属于男士的茶 ●也可不用火煮，而是先将伯爵红茶用沸水冲泡，然后加入热奶，将调好的茶汤滤出即可饮用 ●喜欢原味的可不用加糖或蜂蜜

珍珠奶茶的制作冲泡

原料	制作、冲泡过程	备注说明
红茶：5克 珍珠粉圆：20克 鲜奶：50毫升 白砂糖：10克	●煮珍珠粉圆： 将珍珠粉圆煮熟后，捞起泡于冷水中备用 ●冲泡红茶，加入鲜奶： 红茶冲泡好后，在茶汤中加入鲜奶、白砂糖搅拌均匀 ●添加珍珠粉圆： 在制好的奶茶中，倒入事先备用的珍珠粉圆 ●制成珍珠奶茶： 搅拌均匀，插入吸管，珍珠奶茶即可饮用了	●珍珠粉圆有香芋、椰香等多种味道，可依据喜好选择 ●也可加入冰块，制成珍珠冰奶茶 ●主配料的数量可适当调整

珍珠奶茶的起源

第一杯珍珠奶茶诞生于台湾，但是有两家店铺都自称是其发明者，一家是台中的春水堂，一家是台南的翰林茶馆。两家店都曾为争论谁是珍珠奶茶真正的发明者而将对方告上法庭。但因为双方都没有申请商标，所以珍珠奶茶无法归任何一方所独有。

20世纪90年代初，台湾泡沫红茶店里开始售卖珍珠奶茶，并慢慢风靡整个台湾，随后因为引进自动封口机，珍珠奶茶开始随着连锁店被扩散到了全世界，成为人们非常喜欢的一种调味红茶饮品。

鸳鸯奶茶的制作冲泡

原料	制作、冲泡过程	备注说明
红茶：5克 速溶黑咖啡：一杯 鲜奶：50毫升 白砂糖：10克	●注水、泡茶： 置入红茶，用沸水冲泡 ●出汤： 红茶过滤后出汤 ●冲泡咖啡： 把速溶咖啡放在另一个杯子中用沸水冲泡 ●红茶、咖啡混调： 把等量的红茶和咖啡分别倒入混合杯中，搅拌均匀 ●加奶： 将鲜奶慢慢倒入混合杯中，适量加入糖后，鸳鸯奶茶即冲泡制作完成	●红茶也可用袋泡茶冲泡 ●冲泡好的咖啡和红茶的浓度等量时，鸳鸯奶茶的味道比较适中，个人可依自己的口味，适当均衡咖啡和红茶的比例 ●也可将鲜奶煮热，把咖啡和红茶倒入奶中混调 ●奶和糖的量可适当调整

喝奶茶对健康的利与弊

关于喝奶茶对身体健康是否有利，一直存在着争议，至今没有一个统一的结论。

喝奶茶对身体健康有利的观点认为：

首先，茶多酚分为水溶性茶多酚与缩合茶多酚，前者可以抗氧化、抗自由基，后者会增加食道癌和口腔癌的发病率。而奶茶中的蛋白质可以和茶多酚结合，促进茶多酚的防癌保健作用。其次，奶茶可以补钙，能减少因单纯喝茶时咖啡碱摄入过多而造成的钙流失，避免骨质疏松的发生。

喝奶茶对身体健康不利的观点认为：

德国科学家通过研究发现，红茶中加入牛奶后，牛奶中的一种蛋白质会与红茶中的抗氧化物相结合，使该抗氧化物无法发挥保护心血管的功效。

冰红茶的制作冲泡方式

原味冰红茶的制作冲泡

原料	制作、冲泡过程	备注说明
红茶：4~5克 冰块：若干	●冲泡红茶： 将沸水注入壶中冲泡红茶，闷泡3分钟 ●杯中加入冰块： 闷泡过程中，在玻璃杯中放入八九分满的冰块 ●红茶倒入冰块杯子： 把壶中的红茶滤出，倒入装了冰块的玻璃杯中，冰红茶即制作完成	●冰红茶会产生冷后浑浊现象，但不影响饮用，可选择大吉岭等红茶，避免红茶中的茶多酚遇冷霜化 ●冰块的量可根据环境温度状况适量加减 ●可根据喜好添加蜂蜜或糖水，增加冰红茶的爽甜口感 ●如果与冰块一起觉得饮用不便，可将用冰块冷却的茶汤再滤出，倒入杯中

柠檬冰红茶的制作冲泡

原料	制作、冲泡过程	备注说明
红茶：3~5克 柠檬：1~2枚 冰块：适量 蜂蜜：适量	●冲泡红茶： 将冲泡好的茶汤滤出 ●柠檬榨汁： 将柠檬切片榨汁备用 ●加入冰块： 取一个较大的玻璃杯，里面装入冰块 ●调和： 把茶汤和柠檬汁混合，加入蜂蜜搅匀后，倒入装冰块的杯子中即可	●制作时可用现成的柠檬汁代替鲜榨汁，也可用柠檬片和红茶一起浸泡出味，柠檬不宜过多，否则味道容易酸涩 ●盛放柠檬红茶的杯子沿上，可插上柠檬片做装饰 ●为了增加香甜口感，可适当加入柚子果汁和蜂蜜 ●不加冰即为柠檬红茶，把柠檬换成柚子就可做成柚子红茶

冰红茶是如何发明的

1904年夏天，世界博览会在美国圣路易市举办时，一位美国茶商去博览会推销他的红茶。但是因为当时正值盛夏，酷暑难耐，茶商泡的热茶几乎无人问津。

无奈之时，茶商心想，如果往热茶里放些冰块会不会好喝些？尝试后发现，口感非常凉爽、清香、畅快。茶商灵机一动开始在博览会上转卖冰红茶，结果备受欢迎。冰红茶就这样诞生了。

水果红茶的制作冲泡方式

水果红茶的制作冲泡

原料	制作、冲泡过程	备注说明
红茶：3~5克 水果：苹果、桃、橙子、草莓等水果适量	●切水果丁： 把所有水果切成约1厘米见方的丁备用 ●冲泡红茶： 冲泡好红茶出汤 ●煮水果茶： 将红茶与水果丁搅拌，加火煮半分钟即可饮用	●也可以不用煮，只是将水果丁与红茶一起浸泡即可 ●可使用袋泡茶，将切好的水果丁与茶包一起闷泡，然后将茶汤和水果一起倒入杯中饮用，此方式水果不宜过多 ●切苹果时可保留苹果皮，一方面较美观，一方面味道会更好 ●可不加糖或蜂蜜，水果的甜度即可 ●也可制成冰饮，先冲泡好红茶汤，然后倒入装水果与冰块的杯中 ●单品的水果茶，只需将水果切块或片，放入红茶一起冲泡

适合调饮红茶的水果，及水果中哪些部分更适合调饮

水果　＼　使用方法	只适合果肉	只适合果皮	果肉、果皮皆可	备注
橙子			☆	
柚子	☆			
橘子			☆	
柠檬			☆	
草莓			☆	
桃			☆	
苹果			☆	
香蕉	☆			
红枣			☆	可整颗煮泡，也可切丝切片冲泡
菠萝	☆			切小块或搅碎冲泡
甜瓜	☆			有的甜瓜品种无须削皮
猕猴桃	☆			
李子			☆	
梨			☆	
葡萄（巨峰、玫瑰香等）			☆	
蓝莓			☆	
西瓜			☆	外面绿色硬皮需削掉

香料红茶的制作冲泡方式

印度玛萨拉茶的制作冲泡

原料	制作、冲泡过程	备注说明
红茶：5克 鲜奶：100毫升 香料：小豆蔻3～5粒，胡椒8～10粒，肉桂1小段，丁香4～5粒	• 注水、煮香料： 将水注入壶中，把香料加入，加热煮开 • 置茶、浸泡： 置入红茶后与香料搅拌，混合后的茶和香料浸泡1分钟 • 加奶、文煮： 加入鲜奶，文火煮3分钟 • 出汤： 将奶茶滤出，适量加入糖，即可	• 香料可事先碾碎，以便更快出味 • 香料的甘辛味比较重，可依个人口味适当调整用量 • 也可先把红茶、奶煮开，再将香料加入文火煮一分钟，出汤饮用 • 奶与茶的比例可自行调整 • 可以不用自己配料，在茶店购买玛萨拉成品红茶

玛萨拉茶

印度玛萨拉茶

玛萨拉（Masala Chai，Chai 发音源自广东话的茶），是印度最受欢迎的茶饮。印度盛产各种香料，因此茶中也会有所添加。玛萨拉中既有辅料讲究、调配复杂的，譬如除上文的几种辅料外，还要加茴香、草果、生姜、焦糖、奶油等，也有比较简单大众化的，譬如只是稍加奶、生姜、豆蔻调配。

印度气候闷热潮湿，湿气如果长期滞留人体，就会使人头重、体胀、气血不畅，而添加了各种香料的玛萨拉奶茶，刚好可以祛除体内的湿气，起到开窍醒脑、促进血液循环的保健作用，所以深受印度人的喜爱。

保健调味红茶的制作冲泡方式

姜红茶的制作冲泡

原料	制作、冲泡过程	备注说明
红茶：5克 生姜：适量 红糖：适量	●切姜丝或姜末： 把生姜去皮，切成细丝或者碎末备用 ●置茶注水： 在红茶中加入沸水进行冲泡 ●加姜闷泡： 在红茶中加入姜丝闷泡3分钟 ●出汤： 将茶汤滤出，适量加入红糖，即可	●姜红茶可以温胃、活血、驱寒，对身体有较好的保健作用，尤为适合手脚经常冰凉的女士长期饮用 ●生姜的用量可依个人口味适当调整 ●添加红糖效果会更好些，也可选用蜂蜜或者白砂糖

玫瑰红茶的制作冲泡

原料	制作、冲泡过程	备注说明
红茶：3克 干玫瑰花：5~8朵 大枣：2~4粒 枸杞：10~15粒 冰糖：若干	●加工辅料： 将干玫瑰花、枸杞、大枣冲洗，大枣去核切小丁，与冰糖一起放入杯中 ●冲泡红茶： 在红茶中加入沸水进行冲泡，然后将茶汤滤出 ●冲泡玫瑰红茶： 在放好辅料的杯中倒入红茶，闷泡几分钟后即可饮用	●玫瑰红茶可以理气、和血散瘀、养颜，加上枸杞、大枣，对身体有较好的保健作用，非常适合女士饮用 ●因玫瑰花有收敛作用，便秘者不宜饮用 ●红茶及玫瑰花用量，可依口味适当调整 ●可选用红糖，效果会更好些

花草茶

　　花草茶，英文名 Herb Tea，Herb 源于地中海区古语，意即"药草""花草"。所谓花草茶，就是使用包括天然植物的根、茎、叶、花、皮、果实、种子等，整株或局部经过干燥后，冲泡或煎煮进行品饮。

　　在西方，花草茶的起源可追溯到古希腊时代，而后被罗马帝国发扬光大，并伴随着版图扩张传播更为广泛。罗马人建立起东方香料草药与欧洲的贸易关系，英国人通过航海将其流传到世界各地，阿拉伯人将香草萃取蒸馏制成了香精，而法国人在近二三百年间，将花草发展成为一种休闲饮品，并传播到欧洲、美国、日本。

我国自古就有将花草植物作为医药、保健品、调味料、佐餐菜肴等应用的习惯。第一部较完备的草药志《神农本草经》中，记载了365种药草。最早出现花草入茶记载的时期是宋朝，到了明朝花草熏制茶叶技术已经成型，《茶谱》"茶诸法"所载：木樨、茉莉、玫瑰、蔷薇、兰蕙、橘花、栀子、木香、梅花皆可制茶。到了清朝及现代，国人几乎不再饮用花草茶。直到近些年饮茶形成风尚，人们的健康意识增强，花草制成的天然养生饮料才又逐渐开始风行。

薰衣草红茶的制作冲泡

原料	制作、冲泡过程	备注说明
红茶：3克 薰衣草花蕾：5克 蜂蜜：10毫升	●冲泡： 将薰衣草、红茶分别置入容器中，加入沸水进行冲泡，闷泡3~5分钟后将薰衣草汤、茶汤滤出 ●调和： 把茶汤和薰衣草汤混合，加入蜂蜜，搅匀后倒入杯子中即可	●薰衣草具有调节神经、缓解压力、改善睡眠、抑制细菌等功效 ●孕妇应避免饮用 ●可与茉莉花、玫瑰花、柠檬、薄荷等搭配冲泡饮用

注：本章调味红茶的调制配方及比例仅供参考，您可以根据自己的喜好、口感，尝试各种不同的原料调配比例，享受意想不到的美味。不过笔者认为，既然是在调饮红茶，那么红茶才是主角，而其他配料的作用只是辅助调味儿，不应该反客为主抢了红茶的风头。

姜红茶

玫瑰红茶

花草红茶

第七篇

身益神怡，红茶的养生保健

每天坚持喝一杯红茶，寿比乾隆八十八。

重点内容

· 现代科技研究表明，红茶确有养生保健的
  作用

· 红茶中含有的对健康裨益的成分

· 红茶主要成分的药理作用

· 常喝红茶对身体各脏器的保健作用

· 喝红茶有何禁忌

常饮红茶，可以养生保健

清朝乾隆皇帝在位当政 60 年，享年 88 岁，传说其长寿的秘诀之一就是经常饮茶。乾隆在 85 岁高寿时，向御前老臣透露了隐退之意，老臣惋惜道："国不可一日无君。"乾隆听后哈哈大笑风趣地说："君不可一日无茶。"

乾隆曾在他所作的一首《冬夜煎茶》诗中写道："建城杂进土贡茶，一一有味须自领，就中武夷品最佳，气味清和兼骨鲠。"看来乾隆皇帝的高寿，也有"品最佳"的武夷茶的功劳啊。

茶之养生功效，在古今都得到证明

人们长期的饮茶实践证明，茶不仅能健身延年，而且还有预防疾病的功效。在我国古代的很多茶书和医书上，都有茶能止渴、消食、利尿、祛痰、消炎解毒的记载。

我国古代医书、茶书对茶叶养生保健的记载

医书、茶书	相关内容记载
《本草拾遗》	贵在茶也，上通天境，下资人伦，诸草为各病之药，茶为万病之药
《神农本草经》	神农尝百草疗疾，日遇七十二毒，得荼（茶）而解之
《神农本草经》	茶味苦，饮之使人益思、少卧、轻身、明目
华佗《食论》	苦茶久食益意思
《唐本草》	茗，苦茶，味甘苦，微寒无毒，一主瘘疮，利小便，祛痰，解渴，令人少睡
《本草纲目》	茶苦而寒，最能降火，火为百病，火降则上清矣。……温饮则因寒气而下降，热饮则借火气而升散。又兼解酒食之毒，使人神思闿爽，不昏不睡，此茶之功也
《茶经》	茶之为用，味至寒，为饮最宜精行俭德之人，若热渴、凝闷、脑痛、目涩、四肢烦、百节不舒，聊四五啜，与醍醐、甘露抗衡也 解毒、治病、醒酒、兴奋、解渴
《茶赋》	夫其涤烦疗渴，换骨轻身，茶荈之利，其功如神
《茶谱》	人饮真茶能止渴、消食、除痰、少睡、利水道、明目、益思、除烦、去腻，人固不可一日无茶

随着科技的发展，通过近现代对茶叶的分析研究发现，茶叶中含有茶多酚、生物碱、蛋白质、氨基酸、维生素、碳水化合物和微量元素等丰富的营养元素，这也证明了茶叶不仅是优良的饮料，同时还具有显著的保健功能及医疗作用。

红茶在制作过程中，其内在的化学物质发生了较大的变化，产生了茶黄素、茶红素等红茶特有的成分。茶黄素、茶红素是抗氧化物质，对人体有很好的保健功效。

中医认为红茶性温味甘，具有驱寒、开胃消食、益思醒脑、消除疲劳等作用，尤其适宜于脾胃虚寒者饮用。长期饮红茶，还可以起到抗氧化、降血脂、强壮心肌、消水肿等作用。

红茶的主要成分和药理功能

红茶中与人体健康密切相关的主要成分及药理功能

主要成分	含量、组成	药理功能
多酚类化合物（又称茶多酚，俗名茶单宁）	由儿茶素、黄酮素类化合物、花青素、酚酸组成，其中又以儿茶类化合物含量最高，约占到茶多酚总量的70%。这是茶叶药效的主要活性成分	具有防止血管硬化、降血脂、降血压、降血糖、消炎抑菌、抗辐射损伤、缓和胃肠紧张、抗癌、延缓衰老等效用
茶黄素	红茶中主要的生理活性物质，对红茶的色香味及品质起到决定性作用	促进脂肪代谢、软化血管、降血脂、消除自由基、抗氧化，有茶中"软黄金"的美誉
茶红素	与茶黄素一样，是红茶特有的化学成分，是红茶汤色及滋味浓度的主要成分	具有很强的抗氧化功能
生物碱类	分为嘌呤碱及嘧啶碱两种类型，嘌呤碱包括咖啡碱、茶碱、可可碱等	三种成分功能相近，有兴奋神经中枢、强化血管、提高胃液分泌的作用
芳香物质	红茶中的芳香物质达三百多种	具有抑制细菌、消炎、宁神、镇痛作用
氨基酸	分为蛋白质氨基酸与游离氨基酸两类，共二十多种	红茶中的谷氨酸有助于降低血氨，治疗肝昏迷。蛋氨酸能调整脂肪代谢
维生素	含有丰富的维生素群	相应的维生素的功效
其他元素	红茶中还含有大量对人体有益的微量元素，如氟、钾、硒等	氟对于防止龋齿和防止老年骨质疏松有明显效果，钾有助于降低血压。硒具有抗氧化、抗肿瘤、防辐射等功效

红茶的保健功能

红茶中独有的茶黄素、茶红素以及茶多酚、生物碱、氨基酸等成分，对人体的五脏六腑有着显著的保健作用。

红茶的具体保健作用

脏腑器官	保健功效	红茶作用
心脏	改善心脏供血、降低血糖、降低胆固醇	红茶中的有效成分有助于增加血管舒张度，从而改善冠状动脉的血液流通，起到改善心脏供血的效用 红茶中含有一种叫Flavornoids的抗氧化剂，常喝红茶可以降低人体有害胆固醇，即低密度脂蛋白（LDL）的含量，减少患心脏病的风险 红茶能够刺激胰岛素的分泌，降低餐后血糖的峰值
胃	温胃驱寒、消食开胃	经过发酵，红茶中的茶多酚发生了酶促氧化反应，氧化物可以促进人体消化 红茶性温，适合于脾胃虚寒者饮用
口腔	生津止渴、护牙健齿、抑制口腔内的细菌病毒	茶汤中的糖类、果胶、氨基酸等，可与唾液发生化学反应，滋润口腔 红茶的成分具有消炎抑菌作用，每天坚持以红茶漱口，可以防止细菌在口腔形成齿菌斑，遏制糖与食物残渣产生腐蚀牙齿的酸性物质 红茶可以抑制自由基，帮助人体抵御外界病毒，预防疾病发生
骨骼	强壮骨骼	红茶中的多酚类物质，可以抑制破坏骨细胞物质的活力
皮肤	治疗褥疮、"香港脚"	儿茶素能够与单细胞细菌结合，使蛋白质凝固沉淀，抑制消灭细菌
神经	预防帕金森	红茶中的酶有助于预防帕金森，经常喝红茶的人比普通人患帕金森的概率低七成
其他	预防癌症	红茶的茶色素可在细胞增殖分化早期，即DNA合成前期，产生抗癌作用。茶中的抗氧化剂可以破坏癌细胞中化学物质的传播途径

喝红茶有何禁忌

红茶虽然可以修身健体、祛病延年，但也要科学品饮、适时适量，否则有可能产生相反的不良作用。

品饮红茶的禁忌

禁忌	具体说明
忌用红茶服药	红茶中的化学物质可能会与药的成分发生反应，影响药效甚至引起其他负面作用，所以慎用红茶服药，并且服药与喝红茶之间最好有一定的时间间隔
患有某些疾病时忌饮	患有尿结石、贫血症的病人忌饮。患有高血压和冠心病的人，也尽量少喝或者不喝。患有胃溃疡、神经衰弱，或在感冒发烧的情况下，也不宜喝茶
忌空腹饮	茶对胃肠黏膜有较强的刺激作用，易引发胃病。另外，空腹喝茶会引发头晕、心慌、手脚无力等醉茶症状
忌睡前饮	茶能够兴奋神经中枢，不利于睡眠（注：对常年喝红茶且量及频次较高者来说，睡前饮茶对睡眠不会造成什么影响。）
忌太浓和过量	适量是健康饮食的重要原则，喝红茶也是如此，过浓和过量一方面会造成身体的钙流失，另一方面也会增加肾脏的负担

注：茶毕竟是食品饮料，不是药物，所以不能代替医药功效，生病了还是要通过去医院看医生开药方治疗。对于有些茶企茶商在宣传产品过程中过于夸大医疗作用的行为，笔者并不赞同，而且如此的宣传推广也违反了新《广告法》中的相关规定。对于消费者来说，还是要慎重对待，不要过于听信茶商一家之言。

红茶入膳，营养美味又保健

茶的养生保健作用，不仅体现在通过品饮来裨益身心，同时也体现在可将茶与各种食材合理搭配，烹饪成美味佳肴，既最大化地保留了茶叶的营养价值，还达到了养生健体的作用。

我国以茶为食为药历史久远，茶被佐以菜肴食用，早在三千年前就已存在了，现如今有的地区和一些少数民族还依然保留着吃茶的习俗。从古至今关于茶膳及相关食疗的记载论述和例证非常多，在此就不一一枚举了。

我国茶膳虽然历史悠久，但是因为诸多原因，造成一些菜谱失传，以及有些已经不适合现代人口味，加之茶文化的复兴才刚刚起步，所以茶膳的普及乃至形成风尚恐怕还需要些许时日。

各位茶友可能与笔者一样，不擅长下厨房煎炒烹炸，那么就分享几道简单易做的茶膳食谱给大家吧。

红茶茶叶蛋

材料	调料	做法
鸡蛋：10个 红茶：20克	盐、桂皮、八角、甘草、花椒、干姜、酱油各少许	●将鸡蛋洗净放入锅里，倒入清水以漫过鸡蛋为宜，煮至略熟，把鸡蛋拿出，磕至外壳出现裂纹后再放回锅中 ●锅中放入盐和酱油，及装有红茶、各种调料的调料包，用小火继续煮半小时 ●关火后让鸡蛋继续在汤汁中浸泡直至滋味差不多完全进入鸡蛋中 备注：如果想吃原汁原味的红茶鸡蛋，可不放盐和其他调味料；如果想省事，可将鸡蛋和红茶调料等直接放进锅中一起煮。咸淡和香料浓度，根据自己的口味调整

笔者用武夷山桐木关红茶煮的原味茶鸡蛋

红茶卤肉

材料	调料	做法
五花肉：1000克 红茶：10克	盐、大料、花椒、姜、料酒各适量	●将五花肉洗净放入锅里，倒入清水 ●将装有红茶、各种调料的调料包放入锅中，并加入盐和料酒 ●盖上锅盖，大火烧至沸腾，然后文火继续煮到茶料入味为止，待晾凉后即可切片摆盘食用 备注：主辅料用量可根据就餐人数及口味进行调整

红茶八宝粥

材料	辅料	做法
红茶：5克 红豆：10克 糯米：50克 粟米：20克	红枣：4~5个 核桃仁：10克 桂圆：3~5个 莲子：15克 枸杞：10克	●将红茶冲泡后，茶汤备用 ●将红豆、莲子等不易煮烂的食材先进行浸泡，或者先煮至八成熟后，加入红茶汤和其他主辅食材，文火熬煮至熟软即可 备注：食材及用量可根据个人喜好进行更换、选择

第八篇
韵 传承创新，红茶的茶文化

在当今的社会潮流下，红茶文化发展所面临的是如何传承与不断创新。

重点内容

· 英、法、俄、印度、美等国的红茶文化

优雅华丽的风景线
——英国红茶文化

英国茶文化的不断发展

在葡萄牙公主凯瑟琳与英王查理二世的婚礼上，公主频频举杯，向王公大臣们致以敬意。杯子里盛的红色液体到底是什么，引起了参加婚礼的法国皇后的注意和好奇，于是皇后派卫士潜入公主的寝宫，偷偷查探这个秘密。当卫士终于得知葡萄牙公主每天喝的是来自中国的红茶时，便想窃取些带回去献给法国皇后，没想到在他动手时不小心被当场抓住。

卫士被送到法庭审讯，当问及潜入皇宫的目的时，他不得不交代了欲窃红茶的秘密。于是红茶一夜间在英国家喻户晓，凯瑟琳公主也由此带动了英国上流社会喝红茶的风气。

红茶刚刚进入英国时，身价极高，十分珍贵，只有贵宾来访时，女主人才会用随身携带的钥匙打开放茶的箱柜，取茶与之分享。

红茶之习也影响了文学潮流。在17世纪后期出现了很多为追随英国喝茶风

尚，爱茶、喝茶同时撰文写诗赞茶、颂茶的文学家、诗人。其中一位名叫瓦利的诗人曾赋茶诗一首，敬献凯瑟琳皇后，为她贺寿，可以说是开了茶文学之先河。

英国的茶文化经过三百多年的发展，中间也经历过争论和波折，逐渐在 19 世纪 40 年代维多利亚女王时代开始成型。当时上到皇室贵族下至普通大众，无不钟爱红茶，红茶已成为英国人生活中不可或缺的一部分。

当时的英国人每天固定有六七次饮茶时间，如早茶、早餐茶、11 点钟茶、下午茶（Low Tea）、高茶（High Tea）及睡前茶等，此外还有各种的茶宴、花园茶会等活动。

在英国因为喝茶而产生的传统习俗有很多，譬如茶娘、喝茶时间、下午茶、茶馆、茶舞等，其中尤以下午茶最为重要、讲究，影响也最为广泛、深远。

红茶的盛宴

佐配传统英式早餐的早茶

英国人享用传统的早餐时，不可没有早餐茶相伴。

传统的英式早餐的讲究程度，绝不亚于任何一种西式大餐，因此当然要配上一杯香醇甘美的红茶，才能使早餐更加丰盛完美。

英式早餐茶为一种混合红茶的通称，比较常见的是由阿萨姆、锡兰（今斯里兰卡）和肯尼亚红茶拼配而成，最高档的还会加入中国的祁红。英式早餐茶的味道浓郁、强劲，通常会加入牛奶和糖调和饮用。

关于英式早餐茶的具体起源，一直没有确切的结论，通常的说法是，在 1843 年时由英格兰第一个茶商理查德·戴维斯（Richard Davies）率先推出。

蜚声世界的英式下午茶

下午茶这种饮茶方式，最早由法国兴起并传入英国。巴黎早在 17 世纪早期，就开始盛行下午茶的习俗，只是不知道当时的法国人喝的下午茶是不是红茶。

下午茶在 17 世纪中期从法国传入了英国。当时的英国人更习惯晚餐时间的高茶（High Tea）或 Meat Tea（高茶的另一种说法）。虽然随着下午茶的传入，英国人也逐渐开始喝下午茶了，并将之称为 Low Tea 或 Tea Time，不过当时只是简单地饮茶，再佐以饼干之类的小点心而已。

维多利亚女王时代，贝德福公爵夫人安娜经常在下午时分感觉有些饥饿，于是吩咐仆人每天下午三四点为她预备些点心、菜肴，再配上一杯红茶。有时贝德福公爵夫人邀请女伴们到她的古堡做客时，也会与她们一起分享自己的下午茶时刻，于是这种下午茶形式很快成为英国上流社会的一种时髦风尚，并逐渐在全世界范围内传播开来。

传统的英式下午茶通常在下午四点进行。每天到了这一时刻，全国上下无

论皇室还是百姓、贵族还是平民、企业还是家庭，都会暂时放下手上的一切，去享受一杯红茶。

下午茶的红茶和茶具都极其讲究，茶具通常会选用精美的骨瓷，红茶则是由来自印度、锡兰和中国的上等红茶拼配而成，饮用时可清饮或加入奶、糖等调配。

除了红茶外，下午茶还要配以各类点心、糖果及菜肴，分别盛装在一个银质支架上的三层托盘中，一般第一层托盘是三明治、熏鱼、鱼子酱，第二层放英式点心Scone（司康饼）、果酱、奶酪，第三层是蛋糕、糖果。吃的时候由淡到重、由咸到甜，即先从三明治开始，接下来是Scone，然后是甜点，最后是水果。

如今下午茶逐渐演化为各种下午茶会，成为各种社交活动的载体。下午茶会各方面都极其讲究，环境优雅舒适、茶具精美华贵、茶叶精制高档、茶点丰盛美味，能够充分展示主人的悉心与品位。

随着时代的发展，英国传统的下午茶的喝茶仪式，如今已经从大部分人的生活中消失了，只有一些红茶收藏家还能还原其全貌，让人一睹其真容。一般社会大众只是用自己心爱的瓷杯，泡一款喜欢的红茶茶包，享受红茶带来的惬意。下午茶会则成为一些家境、社会背景比较优渥显赫的英国人的生活潮流，他们会在节日庆典时，选择在自己家的庭园，或去酒店、茶馆，享受一场精致、华丽且十分昂贵的下午茶会。

隆重繁复的英国茶礼

英国茶礼，有些类似于我国的待客敬茶的风俗礼节，只有在招待客人时才会施此大礼。

英国茶礼的形式程序

煮水	在客人面前，将水煮开，以示水的新鲜
置茶	须选用条形茶或碎茶中碎片比较大的茶，将茶叶放入壶中冲泡，或采用烹煮的方式泡茶
加奶	先向客人询问口味，得到首肯后将奶倒入茶杯中
过滤	放置茶滤在茶杯上，经过茶滤过滤后，将茶壶中的茶汤倒入茶杯中
奉茶	将茶杯中的茶捧到客人面前，并示意客人根据自己的口味习惯加糖 现如今人们比较喜欢后加奶，所以客人可根据自己的喜好将奶添加到茶中
续杯	客人将杯中的茶喝完后，主人可询问客人是否要续杯，如果续杯，则再继续一遍过滤、奉茶等过程

世界上的第一张茶叶海报

1657 年伦敦一家名为"托马斯·加威"的咖啡馆，张贴了世界上第一张茶叶海报。当时出口到英国的茶叶还属于奢侈品，仅供贵族宴会使用，而且英国人对茶还知之甚少。那时有名望的商界人士常会集中在他的咖啡馆，于是他发布了此广告，来宣传他的茶的品质和功效：

茶之功效显著，因此在东方文明古国，均以高价销售。此种饮料在那里深受欢迎，但凡前往这些国家旅行的各国名人，均以他们的实践及经验所获，劝荐他们的国人品饮。茶之主要功效在于质地温和、四季皆宜，且饮品卫生、健康，有延年益寿之功效。

（具体功效文字略）

世界上的第一则茶叶广告

1658年9月，最早在咖啡馆增设茶饮的"皇后像咖啡馆"，在英国《政治报》（23～30日刊）上发布了一条广告，其内容为：

那种极好的受到所有医生认可的中国饮料，中国人称它为茶（Tcha），其他国家称其为武（Tay）或堤（Tee），现在皇后像咖啡馆有售，地址位于伦敦皇家交易所附近的斯威汀润茨街……

此广告据考证是世界上的第一则茶广告，同时也是英国第一则商业广告。

喝杯茶，享受人生
——印度红茶文化

在英国的谋划下，印度替代中国成为第一产茶大国

印度人管茶叫chai，其发音是源自中国广东话里的茶，从中可窥见其茶的渊源与中国的关联。

18世纪饮红茶之风风靡英伦之后，虽然东印度公司加大了在中国的红茶进口量，但是依然满足不了英国国内不断增长的需求，而且英国人对一直居高不下的茶价怨声载道，又加上走私与假冒伪劣红茶对市场的扰乱，在印度开辟新的红茶产区，成为英国人解决与中国的贸易逆差，满足国内旺盛需求的选择。

英国曾特别设立了一个茶叶委员会，谋划从中国引进茶树和茶种。东印度公司派遣植物学家福琼，从中国窃取了优良茶树树种，移栽到阿萨姆的贾瓦尔和库玛翁，通过由福琼招募到印度的数名中国制茶工人，成功生产出了优质的红茶，而且将红茶采摘、制作技术悉数学习掌握。

与此同时英国军人在印度阿萨姆地区发现了野生的茶树林，并且在拍卖会上将茶叶样本拍出了高价。英国的投资家们在高额利润的诱惑下，纷纷在阿萨姆投资种植茶园，阿萨姆公司就是在此背景下成立，并很快成为印度最大的茶叶公司。经过几十年的投资开发，印度的茶叶种植面积与产量迅猛提升，英国从印度进口茶叶的数量最终超过了从中国的进口量，印度红茶开始代替中国红

茶，成为英国人的选择。从此，中国红茶由繁荣兴盛的高峰落入低谷。

喝茶享受人生的印度人

印度有句谚语，说"喝杯茶，享受人生（chai piyo，mast jiyo）"，短短的一句话，道出了茶在印度人生活中的重要性。

印度虽然是世界最大的红茶生产国，每年茶叶产量位列世界一二，但其中百分之八十以上都在国内市场销售，据统计印度人中每天喝茶的占到八成，由此可见，茶是印度人生活中不可或缺、极其重要的组成元素。印度人口数仅次于中国，种族非常复杂，有20多种官方语言，民间方言超过千种，但不论是哪种语言，都有"chai"这个词。

在印度，茶可以说无处不在，出差旅行时，当长途列车经过一夜奔波，一大早到达火车站，还没停稳时，站台上小贩们卖茶的吆喝声，就已经此起彼伏地传入了旅客的耳中。在宝莱坞电影中，也会出现只有印度人才懂的茶的玄机，譬如女孩对男孩唱情歌时，如果其中出现"母亲请你来我家喝茶"，那就意味着两人的婚事父母已经同意了。

拉茶也是门"表演艺术"

印度不同茶区出产的红茶特质不同，因而饮茶方式和习惯也各具特色。不过不论是在南方还是北方，印度人喝茶很少清饮，加入糖、奶及香料的调味红茶，是最常见的，不同之处只是在于加糖量的多少。

印度最著名的奶茶就是玛萨拉，我们在前文已经介绍过其做法，不过比起印度真正的玛萨拉，书中介绍的做法还是很简略，不足以体现其原汁原味的特色。

印度南北方气候不同，奶茶的制作方式也有所差异。在北方一般是煮茶，先把牛奶倒入锅中，沸热后加入红茶以慢火煮，再加糖调味，最后过滤饮用；而在南方则是非常有特色的"拉茶"。

拉茶的制作过程中，最有看点的就是在奶茶做好后，拉来拉去的"作秀"环节，即将煮好的奶茶放入两个大的不锈钢杯子中，从高处把茶来来回回地对倒，边倒边将茶往上拉高，说是拉得越长，奶和茶越能充分混合，起泡也会越多，味道会更好。其实拉茶最初的目的，只是因为南方常年炎热，借互倒过程可将奶茶温度降低，并不是现如今所说的使茶奶更好地融合。不过这种"凉茶"的方式最后却演变成了一种别具特色的制作过程。

拉茶的制作方式被印度人带到了亚洲很多地方，有的甚至变得有些形式大于内容。拉茶者在其中加入各种高难度动作，使之变成一种表演项目，至于奶茶味道如何似乎并不重要了。

万里茶路结茶缘
——俄罗斯的红茶文化

与中国茶的数百年渊源

俄语茶叶的发音,非常像中国的"茶叶"的读音,这与印度的"chai"源自广东话的"茶"一样,都说明了同一个问题,他们的茶的源头都是中国。

据史料记载,早在 1567 年曾到过中

国的两位哥萨克首领,就描述过茶这种中国的饮品,只是当时并没有引起沙皇贵族们的注意。1638 年俄国使者从蒙古可汗那里带回了一份非常特殊的赠礼,那就是茶,这也是俄罗斯人第一次真正接触到茶叶,从此茶叶开始在俄罗斯落地生根。

1679 年,俄国和清政府签订了长期进口茶叶的协议,俄中之间的茶叶贸易进入了一个新的阶段,"万里茶路"就是在这个时期开拓出来的。武夷山的红茶从下梅村出发,经迢迢万里,耗时一年以上才能到达恰克图。途中为了保持茶的干燥,商队经常用篝火烘烤,所以本来经过烟熏工艺的小种红茶,更多了

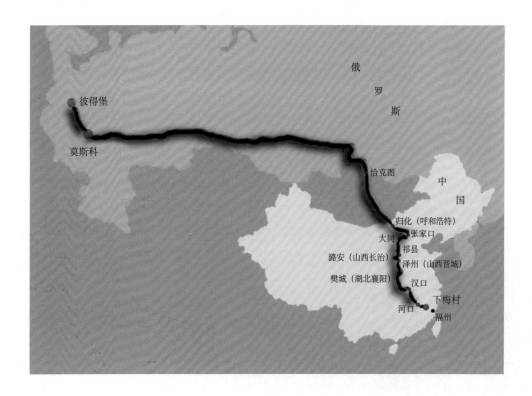

几分炭火气，这也成了出口到俄罗斯的红茶的独有风味。在当时路途如此遥远、运输极其艰难的情况下，红茶只能是上层社会的奢侈饮品。

到了19世纪，从中国到俄罗斯开辟了一条水路用于运茶，茶叶运送的速度也更快了一些。在此期间，俄罗斯从中国引种了茶树，并在19世纪后半叶开辟了第一个茶树种植园。虽然现在俄罗斯拥有自己的茶产区，但是产量远远不能满足国内需要，还得大量从印度、中国、斯里兰卡进口。

俄罗斯从中国进口茶叶一直持续了近三百年，20世纪50年代，中国为了用红茶向苏联偿还外债，国内的非红茶产区都被"绿转红"，例如川红工夫就是因这种特殊需求而诞生的。

茶炊是俄罗斯红茶文化的象征

与糖密不可分的红茶

俄罗斯人酷爱红茶，在俄语中红茶直译的意思是黑茶，之所以这么称呼大概因为红茶的外观色泽呈乌黑色，而且俄罗斯人喜欢喝浓浓的红茶。

俄罗斯人喝红茶从不清饮，他们习惯加入糖、果酱、蜂蜜等甜品，这样一方面可以消除红茶的苦涩味，另一方面也是因为俄罗斯处于高寒地区，糖和果酱能为人体提供更多的热量。这也是俄罗斯红茶文化所独具的特色，宾客常常回敬主人"谢谢糖茶"，来表示对主人热情款待的谢意。

俄罗斯人喝红茶时还要佐以大量烤饼、面包、饼干、果酱等"茶点"，因为他们会把喝茶作为三餐之外的补充，或干脆就当作三餐中的一餐。

另外俄罗斯人很少一个人喝茶，他们更喜欢一家人或者和一些朋友围坐在一起，喝茶聊天甚至娱乐。因为喝茶对俄罗斯人来说，也是一种交际方式，大家可以借此机会联络感情或者洽谈一些事务。

无茶炊不能算饮茶

俄罗斯有"无茶炊不能算饮茶"的说法，这个"茶炊"可谓俄罗斯红茶文化的一个核心符号，或者是具有象征意义的器物。人们为表示对茶炊的钟爱和尊崇，经常亲切地称茶炊（萨莫瓦尔）为伊万·伊万诺维奇·萨莫瓦尔，或是金子般的伊万·伊万诺维奇·萨莫瓦尔。在俄罗斯的文学、美术作品中，经常可以看到有关茶炊的描述和画面。

据说茶炊是17世纪从法国传入俄罗斯的，后来经过俄罗斯人的不断改进，到了18世纪中后期才逐渐成为后来的样子。

茶炊通常为铜质或银质，整体呈球形、桶形、高脚杯形、花瓶形等各种形状，通常根据用途分为煮茶茶炊、炉灶茶炊和烧水茶炊三种。煮茶型茶炊的主要功能在于煮茶，而炉灶茶炊烧水、煮茶可同时进行，像个可以移动的微型厨房，烧水茶炊只用于烧开水。

啡壶，而传统的茶炊逐渐变成一种装饰品或用于收藏的工艺品。

虽然红茶仍然是喜欢喝茶的俄罗斯人的首选，红茶在俄罗斯茶叶市场的占有率达八成以上，但已经呈现逐年下降趋势，绿茶等越来越受到人们的喜欢。另外袋泡茶的销量也在持续增长，也许在不远的将来，袋泡茶在俄罗斯也会像在现在的英国一样，成为一种主流。

到那时以茶炊为代表的俄罗斯红茶文化，也将和英国的下午茶一样，成为过去时，只能通过文字和图画去感受，这不能不说是一种无奈和遗憾吧。

茶馆比英国还要多
——法国茶文化

在过去，俄国从皇室贵族到平民百姓，都离不开茶炊这种器皿，有的人家甚至有两个，一个在平时使用，一个只有在重要的节日或纪念日才拿出来。无论是在节日或亲朋好友来访时，或只是平常的日子，俄罗斯人都喜欢摆上茶炊喝茶。

不过在如今的俄罗斯，城市家庭中泡茶的流行趋势是用茶壶、电茶壶或咖

法国的人均饮茶量，目前已经位列欧洲第四，其中喝红茶的最多。以其持续增长的趋势来看，超过德国成为第三位指日可待。在法国，茶消费量之所以不断增加，与越来越多的年轻人加入饮茶群体有着很大关系，茶文化正在不断地改变着他们的观念和习惯。法国人喝红茶也喜欢加糖、牛奶，有人还会添加

柠檬汁或橘汁，甚至威士忌酒，同时还会在喝茶时吃些甜点、饼干。

茶馆文化的发展

与英国人喜欢在家饮茶不同，法国人更喜欢和家人、朋友一起到茶室、餐馆中饮茶。法国人的这一喜好，直接推动了法国近代茶馆业的兴盛与发展。到如今，法国茶馆的数量已经超过了餐饮店。虽然法国人饮茶的总量不及英国，但巴黎的茶馆数量，却比伦敦的还要多。

20世纪80年代初，老舍的《茶馆》远赴法国公演，中国的茶文化随即征服了法国人，中式的茶馆很快遍布法国的大街小巷，而且宛如当年老北京时的样子。

在法国一些爱茶之人还自发成立了茶道协会、茶文化俱乐部，成员们经常品茗交流，探讨茶文化，并组织传授中国茶艺的活动，如中国绿茶、工夫红茶的基本冲泡、品饮方式。

下午茶文化

中国人喝茶不仅仅在于品饮的过程，还包括更多的精神层面的感受。中国红茶传到欧洲之后，法国人因其特有的浪漫气质，更能体验到中国茶之神韵。他们一边喝着中国茶，一边探求茶中蕴含

的他们所未知却又颇为神秘的文化因素，因而法国的茶文化的形成比欧洲其他国家相对要早一些。

红茶刚传入欧洲时，也是以清饮为主，而一位叫德布利埃的侯爵夫人，发明了往红茶里加牛奶的品饮方式，并在传到英国后发扬光大，成为了一种风尚。

还有一个被英国发扬光大的就是下午茶，虽然其最早也是从法国兴起的，但法国人却没有将之演化成相应的文化体系。法国大革命后，效仿英国的生活方式在法国一度成为一种时尚，这也包括饮红茶的方式。20世纪初，下午茶习惯逐渐在法国盛行，当时因为晚餐的时间在9点左右，午饭过后要好多个小时才能进食，而喝杯下午茶、吃些点心，刚好可以暂时缓解饥饿，于是逐渐成为法国人的日常习惯，不过其形式和影响力远不及英国的下午茶文化。

与中国的茶文化交流

喜欢中国茶文化的法国人，经常专门来到中国考察茶产区、了解茶文化，如在武夷山红茶产区，向中国茶人学习、借鉴。近十多年来，随着中法文化交流的不断升温，中法茶文化的交流也不断在广度和深度上扩展，这其中当然包括中国的红茶文化。

曾引发独立战争的爆发
——美国红茶贸易与文化

茶税法案与波士顿事件

17世纪，当欧洲人把中国的茶叶传入美国时，这个国家还属于大英帝国的一部分。早期美国人饮茶风俗和英国人很类似，茶也大都是从中国进口的武夷茶和工夫红茶，当然最开始能喝得起茶的，都是那些上流社会的富豪及名媛。

不过因为最初茶叶还属于稀罕之物，大多数美国人并不了解它，也不知道如何正确品饮。有的人把茶煮成很浓很苦的汤汁，也不加糖和奶就直接喝下去；有的则撒上盐当菜汤，佐以奶酪等食物；甚至在有些城市，人们将煮好的茶汤倒掉，只吃剩下的叶底。

1773年，东印度公司为了获取茶叶输出的垄断权，以拿回被荷兰茶商占领的美洲市场，成功游说议会批准了他们的请求，随后英政府出台了《茶叶税》法案。但是该税法并没有获取当初预想的市场效果，加上之前先后颁布的几项对茶征税法规所造成的积怨，引发了美国人民的各种抗议和示威运动。

1773年12月16日，抗茶运动达到了高潮，历史上著名的"波士顿倾茶事件"爆发了。当天傍晚，一群身穿印第安服装、拿着斧头的人，登上停泊在港口的三艘东印度公司货船，把货船上装载的342箱（约18 000磅，价值1.5万英镑）的茶叶，全部倒入了大海。

波士顿事件迅速传遍了美国，一些城市纷纷效仿，举行阻止茶叶进口的抗茶会行动，有的甚至将货船和装载的茶叶付之一炬。而英政府对美洲始终强硬的政策，终于使各种矛盾完全激化——美国独立战争爆发了。

与中国的茶叶贸易，奠定了美国的经济基础

美国与中国之间的茶叶贸易，几乎与美国的诞生同步。

美国独立之初经济一度陷入困顿，为了打破这一僵局，美国满载各种货物的"中国皇后号"，冲破英国的各种阻力，远渡重洋抵达中国，开创了美国对华茶贸易之始，而中国也成了第一个与美国进行贸易的国家。

"中国皇后号"利用从中国带回来的武夷茶和小种茶等茶叶以及茶具、瓷器等其他商品，赚到了一笔丰厚的利润。"中国皇后号"的成功产生了示范效应，此后若干年间美国有十多艘商船远赴中国进行贸易，而茶叶是其中最大宗的买卖。

进入19世纪中后期，内忧外患导致中国茶产业开始衰落，在美国茶叶进口

TEAVANA，美国专业散茶零售商，2012 年被星巴克收购

总量中，中国茶叶的占有率逐年下降，到 20 世纪初，中国茶叶在美国市场上几乎销声匿迹。

一个世纪后的今天，美国逐年增长的茶叶消费量，使之成为中国茶出口贸易的第二大国。虽然美国茶消费市场规模占世界总量的比例只有十分之一上下，但其每年上升幅度却在不断扩大。

在茶消费上升的同时，美国人对咖啡的消费却逐年走低，著名的美国咖啡连锁巨头星巴克看到了这一趋势，2012 年开始推出茶饮品，准备打造一种星巴克式的茶文化。

崇尚自由个性的美国茶文化

美国虽然是个很年轻的国家，但是茶文化的历史却比较悠久，在殖民地时期就已发端，可以说比这个国家的历史都长。虽然美国的茶文化最初源自欧洲，并受到中国及其他亚洲国家的影响，但是发展到今天已逐渐形成了自己独具的特色。

茶对于美国独立有着非同寻常的意义，因此美国茶文化可以说是美国民族精神的一种体现，崇尚自由、个性、效率和时尚，这也彰显了美国人的意志。

如今，茶叶饮品在美国的消费量仅次于咖啡饮品。美国市场上的茶产品有上百种，其中红茶售价相对较低，也是美国人比较喜欢的饮品，因为它更适宜加入其他配料进行调饮。

美国人虽然喜欢喝茶，但是不喜欢花时间、费功夫的冲泡、清理过程，所以速溶茶、瓶（罐）装茶饮在美国大受欢迎。同时，大多数美国人也不像中国人那样习惯热饮，所以喝茶时会在茶中先放入冰块，或者将茶放入冰箱中冰镇一下再喝。

美国人的冰茶饮用量为世界之最，市场上冰茶产品也尤其繁多，除红茶外，也有绿茶、乌龙茶等，而且有原味也有各种调配的味道，可以满足不同人群的喜好和需求。

美国人也喝鸡尾茶酒，即在鸡尾酒中加入一定比例的红茶汁，据说加入茶汁的鸡尾酒因味道更醇香、更能提神醒脑而受到一些美国人的喜爱。

最后特别值得一提的是，袋泡茶一百年前最初的诞生之地就是在美国，它的发明者，是一位纽约的茶商。后来经过英国茶企的不断改进，袋泡茶渐渐风行于世界，开创了一种全新的饮茶方式。

第九篇

🏭 转型升级，红茶的茶产业

　　我国红茶产业自新中国成立后开始恢复发展，经过萎缩、回温、转型升级，可谓是一路跌宕起伏走来，面对时代新机遇，如何转型升级，才能让我们的红茶产业，再次红遍世界？

重点内容

· 新中国红茶产业的发展历程

· 现阶段国内红茶产业状况

国内红茶产业的跌宕起伏

红茶产业恢复发展

新中国成立后，红茶产业得以恢复发展，在1950年到1989年这一阶段，国内红茶产量和出口量迅速增长，不断刷新历史纪录。1986年我国茶叶出口约13万吨，红茶占10万吨，1989年红茶产量超过了13万吨，为新中国成立以来的最高值。从1950年到1988年我国茶叶总产量增长12倍，红茶出口量增长了38倍，创汇增长53倍。

当年在一些主产区，红茶业可以说是当地的支柱型产业，譬如在祁红的发源地安徽祁门县，茶业发展高峰时期，除祁门茶厂一千多名职工外，全县十几万人口中，还有约十分之一的临时工在从事着茶业相关的采收、初制工作，这还不包括种植茶树、采摘芽叶的茶农在内。

然而在计划经济时代，红茶作为管控的出口创汇产品，其生产销售一直由国家"统购统销""出口补亏"，因此红茶业的产业结构中，种植、生产加工、收购及贸易等，基本是为满足外销市场的需要。红茶产业的企业主体为国营茶企，生产、出口和内销均被社队和国企所垄断，而且出口企业长期依靠国家补亏度日。

市场转型、产业萎缩

20世纪80年代，我国开始由计划经济逐步向市场经济转变，红茶产业也随之进入了一个转型的阵痛阶段。由于政府对国内茶叶市场和出口政策进行全面调整，红茶由对外出口为主转向销往国内市场，之前的一些红茶产区、茶企纷纷改制加工绿茶、乌龙等国内市场所需求的茶类。

从1990年到2007年，我国红茶产业的产量、出口量、产量比重和出口量比重均处于萎缩下降阶段。1990年后红茶产量和出口量逐渐减少甚至中断，虽然中间略有回升而后又持续下跌；2003年时红茶产量降到历史最低点，2000年红茶出口量仅有2.95万吨，为此前历年最低；2007年红茶总产量4.53万吨，出口约3万吨，出口量占产业出口总量的比例，已由1990年的48%下降到10.5%。在当时闽红三大工夫和正山小种，因出口成本换汇率低，几欲被外贸部门全部砍掉停止出口，幸而有茶界泰斗张天福的提案，才得以继续保留延制。

金骏眉创制引发红茶市场新契机

2005年可以说是红茶产业的一道分水岭，新贵金骏眉的创制，让茶企们发现了红茶市场新契机，国内又一次迎来了"绿改红"风潮。与之前两次所不同的是，这回几乎完全由茶企们自发主导。红茶产业也从过去的以外销为主，转变为针对国内市场的生产贸易。红茶产品除了效仿金骏眉生产销售高端红茶产品外，一些产区几乎销声匿迹的传统工夫红茶也相继开始恢复生产，同时本非红茶产区的茶企也通过借鉴、引进工艺和人才的方式，不断创制出各种新的红茶产品推向市场，而国内对于红茶的消费需求，也在茶企的推动下迅速增长。适制品种规模扩大、技术创新、传统工夫恢复、产品百花齐放，红茶产业发展迎来了复苏的春天。

2007 年农业部提出"稳定茶园面积，提高茶叶单产、品质和效益"的茶业方针，国内茶企加大茶类调整力度，茶产业进入高速发展的十年，茶业一二三产业的综合产值从 300 多亿元达到了近 4000 亿元。2008 年开始红茶生产呈现回暖趋势，2009 年先后有 15 个省份开始重视红茶的生产销售，一些历史名茶得以恢复、创新红茶产品纷纷进入市场。效仿金骏眉的高端高价红茶，曾占到了一定的市场空间。

2005 年红茶外销比重为 74.7%，内销仅为 1.21 万吨；2009 年国内红茶总产量超过了 7 万吨，2010 年近 10 万吨，2012-2014 年分别达到了 13.24 万、16 万、18 万吨，2015 年增至 25.8 万吨，2016 年达到 29.79 万吨；红茶产量与茶叶总产量的占比逐年提升，2000 年占 9.89%，2014 年为 8.6%，2015 年上升到 11.33%。国内市场升温，红茶出口则从 2008 年至 2014 年逐年下降，出口量从 2011 年的 3.56 万吨降到了 2014 年的 2.78 万吨，2015 年的 2.8 万吨略有回升，2016 年回升到 3.31 万吨，金额 2.56 亿美元。

调整、升级、创新、优化

目前国内红茶需求持续增长，红茶产区也不断扩大，国内几乎所有产茶省份都在生产红茶，红茶的生产规模，云南、福建两省的产量占据了国内半壁江山，一些新兴的红茶产区，如贵州、广西增长快速，2015 年红茶总产量已跻身国内前 5 位。红茶的国内消费量，自 2010 年来呈较大幅度增长，2015 年占到了六大茶总消费量的 10.3%。

国内红茶产业经过近十年的市场检验淘洗和消费者的选择，同时随着国家限制"三公消费"新政的陆续出台，高端名优礼品红茶逐渐失去了市场青睐，加之近两年受国内整体经济状况的影响，越来越多的茶企针对市场消费结构调整产品结构，跟风炒作的许多茶企茶商失去了暴利空间被迫淘汰出局。

目前茶产业开始由传统农业向现代农业转变，着力发展茶文化创意、茶旅游、茶餐饮等，通过第三产业促进第一、二产业联动，产业链创新、产业转型升级、产业结构优化，红茶产业随之也逐渐步入多元、综合、特色化和规范化的发展道路。

红茶的再加工、深加工业

即通过现代高科技的技术、工艺和加工设备及跨领域的合作，以茶树的叶子、花、果为基本原料，对茶的内含功能性成分进行全方位的利用和开发生产，延伸茶叶生产链，深度利用茶叶资源，开发生产茶叶的衍生产品，如食品、保健品、药品等，最大限度地提升茶叶附加值。

茶的深加工业，以茶叶内含物质茶多酚、茶黄素等提取物为研究核心与重点。国际上茶叶深加工和综合利用的品类主要包括茶产品、茶医药保健品和茶添加剂、日用品等。

茶产品，即各种茶饮料、茶叶籽油、茶菜肴、茶糕点、茶糖果等产品；茶医药保健品，即含有茶叶中各种功能成分的医药保健品，如茶多酚胶囊、茶色素胶囊等；茶添加剂，即在茶食品或家禽、水产饲料中的添加剂；日用品，即生产加工的各种含茶成分的纺织品、床上用品、化妆品、卫生用品等。

茶产品中，茶饮料是开发生产、消费最广泛的产品。所谓茶饮料，即以茶叶的水提取液或茶叶浓缩液、茶粉为原料加工而成的瓶装、罐装、速溶饮料，因为饮用便捷，而且比碳酸饮料更爽口解渴、口味清新，还含有多种保健成分，所以备受消费者青睐。近些年来国内茶饮料业，几乎以每年30%的速度增长，目前市场份额占到国内饮料消费总量的20%，超过了果汁饮料，直追碳酸饮料。

在国内茶饮料的销量中，红茶以占比几乎一半的市场份额领先于其他茶饮料。随着人们健康意识的不断增强，纯天然无添加剂的保健功能茶饮料及低脂、低糖、低热量的茶饮料，将会拥有更广阔的市场发展空间。

虽然我国是茶叶大国，产地广阔、产量领先，拥有六大茶类和丰富的茶资源，但是相对于日本、美国，我国的茶饮料行业在资源开发利用、加工工艺、研发创新、产品差异化、品质、品牌竞争力等方面还存在着诸多的问题亟待解决。

红茶的第三产业

茶文化旅游

不仅仅是茶行业内的从业人员，近几年越来越多的茶叶爱好者，已不满足于只是在茶桌上品饮一杯红茶了，他们期望能够亲赴那些充满历史人文气息、风光秀美的原产地，置身于满山遍野的茶园之中，从头到尾了解茶叶的制作工艺和生产过程，甚至可以亲自动手去尝试做一款红茶来品饮。

我国拥有灿烂悠久、丰富多彩的茶文化资源，很多茶产区都留下了各种与茶相关的传说典故、名胜古迹、茶事、茶俗、诗文字画等，同时茶产区大都山川秀美、空气清新、气候宜人，茶园、茶院为游人提供了亲近自然的机会，游人可以亲手采摘、制作，可以品茗、参与茶俗活动、观赏茶艺表演、体验农家乐等。这种形式融自然景观、茶文化和休闲娱乐于一体，不仅吸引了城市的茶旅游者，同时也为当地的经济发展创造了新的机遇。

近年来借助红茶发展的势头，将红茶主题与旅游相结合，以传统茶文化为线路的旅行项目，促进了红茶文化与产品的推广普及，以及红茶产业链的延伸。因此对与红茶文化相关的产区的旅游需求逐年增长，一些旅行社、国内外茶叶主产区、茶企、茶商、茶协会等，纷纷推出以红茶为主题或

秘境
桐木关
探访世界红茶发源地

吹山野之风
寻草木之香就在这里

半亩茶园

始于一棵茶树，归于一种念想

199元认养一棵桐木关老枞茶树
更多福利和详情请扫码

半亩茶园组织的茶活动

元素的特色旅游产品及项目。譬如，武夷山桐木关红茶之旅，寻访白琳、坦洋红茶之乡，斯里兰卡茶园行的境外游等。

茶城、茶店、茶馆与茶文化活动

茶城在近十年得以迅速发展，这与国内茶业兴盛及商业地产开发、茶商推广产品有着紧密的关联。北京马连道茶街、广州芳村等，就是其中的典型代表。很多茶叶经营者、爱好者曾亲眼所见，这十多年间马连道茶街不断拆迁扩展升级改造，一座又一座茶城拔地而起。

不仅仅是从事茶业者在茶城开店，近些年来甚至连原本非茶行业内的人，也纷纷转行投资茶业进驻茶城经营。而在茶城租或买店铺，是茶行业最普遍的经营模式；消费者也认同和习惯去茶城逛店铺买茶、喝茶这种消费方式。像马连道的茶城，在茶行业最兴盛的那些年，几乎家家茶店从早到晚买茶喝茶者络绎不绝，有的甚至通宵达旦。逢年过节马连道堵车堵到寸步难行，很多店铺忙着打包礼品盒发快递甚至都顾不上喝一口茶。

从 2014 年前后，淘宝、电商、微信朋友圈等开始迅速兴起，网络茶城、微店大行其道，加之经济大环境的变化，传统茶城这种商业模式，面对新的消费观念和销售方式，以及店铺经营成本压力的冲击挑战，迫切需要调整改造和优化升级，重新焕发生机和活力。

茶店、茶馆近年来逐渐从仅仅售卖茶产品的终端，尝试通过举办各种茶品鉴、茶文化讲座、茶艺表演、茶知识科普活动，甚至与其他行业的企业跨界合作，为一些茶叶消费群体及目标受众提供更深层次或差异化的服务。一方面茶店、茶馆充分利用空间，扩展其售卖外的功能，通过各种活动，借助茶知识文化的传播，推广产品、茶企及商铺的品牌，并为茶叶爱好者们提供学茶及文化休闲娱乐的平台；另一方面优质、精彩、长效的活动也为茶馆、茶店扩大知名度、提升品牌形象提供助力，并为它们带来更多的利润增长机会。

目前茶馆、茶店的文化活动，已由最初自身发起举办的以售卖产品为目的的促销活动，逐渐演变为一些茶友会、协会、商会及企业等各种社群机构，与茶馆茶店联合举办的文化沙龙、商业路演、培训讲座及公益活动。例如由一些茶爱好者发起的"北京茶友会"，在马连道憩园体验店、百茶研究院等连续举办了大小七八十场的茶会，累计两千多人次参加参与，虽然不到两年时间，已在茶友茶商间引发了广泛的关注和影响。

一些茶企或者相关文化机构协会等，通过茶友会举办主题茶会，或者以提供品鉴茶、茶具、茶礼品的方式，实现其推介产品及企业的目的，这其中包括很多经营红茶产品的茶商等。旅游教育出版社推出的"人人学茶"系列丛书，通过北京茶友会的茶会，为更多读者所认知、认购，而系列图书中红茶、白茶、乌龙茶几本书的作者，也相继受邀在茶友会举办茶会，分享"第一次品茶就上手"的心得体会。

像"北京茶友会"这种茶友与茶店结合举办茶活动的现象，在国内各个城市开始越来越多地涌现，尤其是茶馆茶店业比较兴盛的北京、杭州等地。

茶业会展

茶业会展主要包括茶文化节、茶博会、茶叶研讨会、斗茶大赛、茶艺表演赛等。

茶文化节，是各茶产区乃至国内各大城市，以茶为媒，以促进文化交流、

繁荣经济为目的，由当地相关政府部门及各大茶企、商业协会机构、传媒、专家学者、明星名人等联合举办、承办、参与的大型茶文化活动。一些著名的茶文化节，不仅在当地，在全国乃至国际上都具有一定的影响力。文化节中不乏以红茶为主题的，如"中国临沧（凤庆）红茶节""英德红茶文化节"等。

茶博会，每年几乎都在一些一二线城市定期举办，是茶企茶商展示自我形象、宣传品牌、推广产品的舞台，是连接生产与销售的纽带、洽谈招商合作的平台，同时也是茶叶消费者、爱好者们淘茶选茶品茶的饕餮盛宴。从某种程度上可以说茶博会是茶行业的风向标，也是茶行业发展兴衰的缩影。国内比较著名、具有规模及影响力的茶博会，包括"北京国际茶博会""北京国际茶业展""广州国际茶博会""深圳茶博会""厦门茶博会""上海国际茶博会""海峡两岸茶博会"等。这些有影响力的茶博会，

吸引了各茶区政府、茶业协会以及茶企茶商参展，进行宣传推广。

斗茶大赛是茶企茶商检验自己的产品、拿实力说话的擂台，茶友们在近距离地欣赏斗茶的精彩过程、品鉴获奖茶品的同时，更能集中学到平时可能很难了解的各种深度茶知识。著名的斗茶大赛有"武夷山红茶斗茶大赛"、北京"马连道全国斗茶文化节"等。

"马连道全国斗茶文化节"由之前的马连道全国斗茶大赛升级而成，至2016年已连续成功举办了五届，并且影响力越来越广泛。除重要组成部分斗茶大赛外，斗茶节期间各种精彩茶活动纷呈，通过大众喜闻乐见的方式，推广中国茶文化和茶叶知识，引导更多的社会大众喜欢茶、喝到好茶，进而推动了中国茶产业的整体提升。

茶艺师及茶艺师培训、茶艺大赛

"茶艺师"培训、认证，一直以来

都是茶行业内非常热门的项目，由此引发了一些职业学校、培训机构纷纷进入这一领域，甚至各种花道、香道、古琴、瑜伽、礼仪等培训，也借茶艺之名开课培训。与茶艺相关的茶会、表演、赛事，在各种文化活动、茶业展会上不断亮相，成为瞩目的焦点。茶艺师也因专业技能、茶文化修养、举止优雅、有品位等因素，备受人们的关注和欢迎。而一些虽然并未从事茶行业的年轻人，甚至中老年女性，也为提升自己的仪态、修为，报名参加茶艺师的培训。

茶艺师资格认证，在 2016 年底到 2017 年初两个多月的时间内经历了被相关部门取消又保留的一个波折过程，并从之前的"调酒茶艺人员"类别调整到

"餐饮服务人员"类别项之下，与之相关的争论和评价很多，在此概不赘述。

在目前茶业发展的新形势下，与茶艺师相关的培训认证及茶艺赛事活动等的筹备举办，也面临着如何与时俱进，如何将知识技能与实际应用及就业、创业相结合的问题，如果问题不能从根本得以解决，那么包括茶艺师、评茶师在内的认证都有可能面临被取消的危机。

茶产业

茶产业是指从事与茶有关的经营活动的总和，包括与茶有关的生产、流通、服务、文化、教育等各个方面。

传统茶业　通常指沿袭历史上流传下来的种植方法和技术，凭借茶农直接经验从事生产加工的茶业，以一家一户作为生产单位。

现代茶业　指应用现代工业提供的生产资料，采用现代科技与管理方法进行茶叶生产、加工、运输和流通的茶业。

茶业第二产业　主要指茶叶加工业，具体指茶叶加工主体包括茶厂、茶坊、茶企等，采用一定的技术手段，按照一定的工艺，将茶叶鲜叶制成可供人们直接饮用的成品茶或制成食品及医药产品的一个产业部门。茶叶加工业，大幅度增加了茶叶的附加值。

茶叶第三产业　通常指茶业服务业，是为茶叶生产、加工提供服务的产业部门的活动的总和，具体包括：生产资料服务、农技服务、信息服务、流通服务、金融保险服务、茶叶会展、茶艺表演等。

关于红茶的一些疑惑，黄大为你解答

问：红茶这种茶是如何产生的？正山小种是世界上最早的红茶吗？

答：红茶是怎么产生的，产生时间和地点目前国内外没有特别确切的文献记载，有的都是尚存争议的只言片语。

当年最早传到欧洲的"武夷茶"一定是红茶吗？学术界认为可能是绿茶或者乌龙，也可能是红茶。红茶和乌龙诞生谁在先，目前也存在着争议，茶学界大咖们各持各的观点。

虽然没有明确的文献记载可以确认，不过国际上普遍认为世界上最早的红茶就是武夷红茶，也可以说是正山小种。至于时间，推算可能在 16 世纪末到 17 世纪初。

问：喝红茶时第一泡是否要倒掉？

答：关于红茶的第一泡要不要倒掉，个人认为最好不要，因为经过揉捻过程，干茶表面会有很多茶汁液附着，倒掉等于把这些溶在茶汤里的物质都扔了，而且，红茶的第一泡，除了有其独特的味道外，也是鉴别其品质的依据。

同时，对于第一泡洗掉所谓灰尘、脏东西、农药之类的说法，本人认为其作用实在微乎其微，基本上只能把干茶表面附着的东西洗掉。在茶叶揉捻发酵的过程中，如果有脏东西、农残之类的，早已随汁液沁入其中，仅仅洗一遍里面的能冲掉吗？

再则，如果说有农残，我们平时吃的蔬菜水果，是连皮带肉都吃掉。茶我们只是喝泡的茶汤，而且一天最多才能喝多少茶？同时有的农药是脂溶性的不溶于水，通过洗茶也根本洗不掉。所以说洗农残，根本不会有什么作用，要说有，纯粹是心理安慰。

问：胃不好为什么能喝红茶却不能喝绿茶？

答：一方面是因为制作工艺的差异，绿茶属于不发酵茶，内含物质中含有大量的茶多酚、咖啡碱，对胃比较有刺激性；而红茶经过全发酵工艺，茶多酚、咖啡碱经过酶性氧化生成了茶色素、复合物等，对胃就不那么有刺激作用。

另外，从中医角度讲，红茶温和，而胃不好的人多半是虚寒引起，所以比较适合喝红茶。

问：红茶能减压吗？为什么感觉精神紧张的时候喝红茶会舒服很多？但是我有缺铁性贫血，能天天喝吗？

答：茶叶中含有咖啡碱，可以兴奋神经，让人产生愉悦感，所以你会觉得不那么紧张了。如果有缺铁性贫血，最好在吃完饭一两个小时后再喝茶，同时建议多吃富含铁和蛋白质的食物，譬如酸奶豆浆，或者调饮奶茶来喝。

问：早上起来先喝绿茶好还是红茶好？

答：每个人的体质和习惯不同，喝绿茶红茶因人而异，有人早上起来不喝红绿茶，而是喜好喝普洱或者乌龙。那些从小在喝茶环境下长大的，早上喝茶已成习惯了，譬如，当年的英国人早上醒来还躺在床上，就先来杯红茶，而中国某位伟人是习惯躺在床上先来杯绿茶。对于刚刚建立起喝茶兴趣的人，还是先慢慢尝试下，喝绿茶还是红茶还是其他什么茶，身体会更适应些。

问：晚上喝红茶会不会失眠？

答：因人而异。不经常喝茶的，肯定会失眠；习惯了的不受影响，就像在茶店卖茶试茶的人，每天都在大量喝，身体已经逐渐适应了。

怕失眠最好在睡觉前三四个小时就不要喝了，或者是喝的时候冲泡相对淡一些，或者调饮成奶茶。

问：秋冬喝些什么调饮茶好？

答：秋天的时候，可以在红茶中加入梨汁、菊花，冬天可以加入红枣、枸杞，或者泡一杯红茶放些红糖、牛奶。也可以把苹果、红枣、梨等，和红茶汤一起煮了喝。

问：我对咖啡碱和茶多酚比较敏感，中午之后喝了奶茶晚上都会睡不着。想知道什么茶的茶多酚含量最少，基本没有提神作用。

答：茶多酚是茶叶的主要成分之一，六大茶里发酵度最高、最深度的红茶和黑茶，茶多酚在多酚氧化酶的作用下，发生氧化作用生成茶黄素、茶红素等以及络合物，含量相对降低了，红茶中含量接近 60~80mg/g，黑茶为 30~50mg/g，就是说红茶和黑茶茶多酚含量相对较低，但是并不等于没有。

不过题主对于茶多酚、咖啡碱比较敏感，如果一定要喝茶的话，建议尽量冲得少些、淡些，而且每次少饮。

其实对于茶多酚、咖啡碱的敏感，也是可以通过经常喝茶去钝化的。我周围有很多经常喝茶，甚至一天要喝很多、天天不落的朋友，可以说喝茶对他们的睡眠几乎没什么影响。所以个人建议每天少量的去坚持，时间久了身体适应了，就不会太影响睡眠了。

问：饮水机的水如何泡红茶？温度不够，还有味儿。

答：我都是把饮水机的水，用电水壶接常温的再烧开了泡红茶。如果不方便用电水壶，那就调饮，选择国外的红碎茶，加奶、糖或者柠檬。

夏天的时候红茶也可以冷泡，用一个密闭的带滤网的瓶子，冷泡三四个小时以上，就可以喝了。

问：是不是红茶不能长久泡，要快出水？为什么？

答：任何一种茶久泡都可能会影响口感，红茶泡多久要看品质，细嫩芽头做的和粗老叶子做的，工夫茶和红碎茶，水温和时间也不同；还有工艺，差一些的也怕高温和久泡；还要看投茶量，三两克泡了口感还好，一下泡七八克、泡好几分钟以上，肯定会苦涩；还有水温，通常 90℃以下还好，100℃度开水直接泡下去——评审时才那么做。

问：有没有好喝的奶茶推荐？可以搭配饼干，适合办公族自己在办公室做下午茶？

答：建议你自己冲泡，挺简单的，去超市买一袋全脂奶，然后在公司用飘逸杯冲一杯红茶，嫌麻烦就用袋泡红茶，不喜欢立顿可以买别的品牌的，然后把奶兑进红茶中，浓度比例看你自己喜欢，同时可以加点蜂蜜，绝对比超市买的那种奶茶饮料好喝。

问：茶包喝起来是一种什么样的体验？

答：上班的时候常喝袋泡茶，比较省事儿啊，另外像一些咖啡店里的红茶，很多都是袋泡类型的，那个地方以谈事儿、友聚为主也无所谓了。

国内商场超市卖的那些袋泡茶，像川宁、立顿，在产品定位上属于大众消费，谈不上有多好，喝个茶味儿就好了。国外的像英国有很多茶品牌，其中有定位比较高端的，得从国外带，喝过朋友从国外买的袋泡伯爵，感觉很不错。一次茶会喝了种锡兰乌瓦的袋泡，虽然最初有些涩感，但是回甘快、生津，大家普遍评价很高。

所以说，喝袋泡茶也不是就代表着没品或者不会喝茶不懂喝茶，袋泡茶也是茶。至于怎么喝，一般而言随意泡就好。

问：如何辨别红茶中有没有添加剂？

答：可以提供几个简单的鉴别方式供参考，因为本人曾遇到过添加色素及糖类的红茶。

加了糖的红茶，一般来说头两泡是非常甜的，但是甜感很快会减弱，之后还略有酸感；如果是红茶内含物质带来的甘醇，会一泡泡地持续下去，而回甘反倒是三四泡后才逐渐显现。

加了色素的红茶，用白纸揉搓干茶，纸上会留下色素的痕迹。冲泡过程中，头一泡如果迅速出汤，干茶表面的色素被冲洗下来，茶汤的颜色会呈现一种非常均匀的金黄色或者橘红色，仿佛染料溶解一般的感觉。用白色盖碗冲泡，当把茶汤基本倒尽后，余下的茶液沿着杯沿向下缓慢倾倒，会看到一道颜色比较深的痕迹，如果没加色素，就没有这么明显的痕迹。

问：为何现在红茶的发酵度，比以前用传统工艺制作时减轻了？因为发酵程度变轻，现在的红茶已经变得不是红汤而是红铜色甚至金黄色，是为了口感，还是为了继续转化的可能，同时保存期可以延长了？

答：一方面是近十年国内红茶市场升温，各茶厂纷纷"绿改红"，但是红茶热之前因为产业低迷导致技术断层、设备欠缺，很多改制红茶的茶厂茶企技术不过关，及没有专门的红茶发酵设备，导致红茶质量低劣，产生发酵不足、叶底花杂的现象。

另外，金骏眉上市后，其创新工艺引起全国各茶企仿制，因而产生了红茶发酵度普遍降低的现象。同时，发酵度降低后，红茶也具备了进一步转化和存储的空间。

问：高山野生红茶怎么样？

答：如何界定野生这个概念？如果是那种曾经种植的不去管理荒在那里的茶树算野生，那其实野生茶还是很多的。另外，高山，多高海拔的山算高山？高山野生红茶，说不好就是炒作出来的概念。就像现如今的所谓千年古树滇红，云南有多少棵千年的古茶树，能做出来满世界都在卖的那么多古树滇红？

不过云南真的有那种纯野生茶树，本人在云南跟朋友做茶的时候见过其尊荣，但那种野茶树是受保护不让采摘的，也有茶农私下里采摘了做茶的，按其数量来说很少，批量很难买到。

问：中国的红茶产地有哪些？产的红茶各有什么特点？

答：现如今除了原来那些著名红茶产区外，基本国内的四大茶区都有红茶，绿茶传统产区也在做红茶，譬如山东、陕西；目前红茶市场在逐年升温，颇有第三次"绿改红"的趋势。

以前的红茶产区特色比较明显，传统红茶各具特色，现如今随着树种移植、制作工艺的互相学习借鉴，其特点已不像从前那么明显和有区别了，有些新产区的红茶，或者一些红茶新产品，工艺主要源自福建，带着闽红的特色。

总体来说，以我个人喝红茶的感受来看，闽红与滇红的特色还是很明显的，黔红、桂红等也比较有各自的特点，北方省份的红焙火相对比较重，适合当地人的口感。

问：喝红茶的中国人在国内的地域分布是怎样的？

答：没有做过调研，无法给出非常具体的数据。

但是从红茶的生产制作来看，现在几乎所有的产区都有红茶产品，而且当地人也在喝。一些传统的绿茶产区，譬如贵州、山东、陕西等地，我曾经在北京茶博会上陆续接触过这些地方的一些茶企，他们带来各种红茶产品，我去展位喝茶聊天，询问他们红茶都卖给谁喝，他们说当地就有很多人在喝。据说金骏眉火起来的那几年，大批量的山寨产品都卖到了一些北方省份。

此外还有一些国外的红茶茶企，或者国内代理印度、斯里兰卡红茶的茶企，他们的茶一般会卖给诸如写字楼、涉外机构的喜欢喝国外红茶的人，这个主要是北上广会相对多些。

问：英式红茶更偏向于多种茶叶或原料拼配，这是不是英式茶的一个特征？如果是的话，有哪些搭配是比较传统、经典的？

答：简单来说，英式的各种红茶包括伯爵茶和下午茶的品牌茶，或者说，批量生产销售的商品茶，如果要保持每一个批次每一年的产品的品质和滋味的统一，必须通过拼配，就跟每一家麦当劳、肯德基的汉堡吃起来都一个味道道理一样。

另外从味道的多样性来说，英式的茶属于调配和调味茶，一方面是茶的不同原料的拼配，一方面是茶和花草、水果、香料等的拼配，一方面是喝的时候与奶、蜂蜜、水果等的拼配。

上述两点与我们目前的产品形态是不一样的，我们还是喜欢清饮，调味调饮还很小众。虽然我们的大品牌茶也是拼配的，但没有英式茶做得那么普遍彻底和纯粹与经典。

至于有哪些搭配是比较传统、经典的，大的品类诸如早餐茶、下午茶、伯爵茶，然后不同的品牌，诸如川宁、福南梅森、哈洛德等，每个品牌的茶都有自己的特色，即使是伯爵茶，细品之下都有不同。

问：怎样喝红茶才能显得很"英式"？注意茶具的选择、红茶的选择、喝茶的动作、配茶的点心？

答：首先选择一套英式的骨瓷茶具；红茶选择英国的茶品牌，如福南梅森、哈洛德、川宁伯爵，注意不要选袋泡茶，泡茶时要用壶，茶汤通过滤网过滤倒进杯子；泡茶的时候在茶里加牛奶和糖或者柠檬；喝茶的时候，先用小勺儿搅拌，然后连杯托一起端起，左手持托右手端起杯子喝茶，不要一口干；喝茶的点心，可以选择饼干、三明治、蛋糕等西式的点心——千万不要选择油条、鸡蛋灌饼、肉包子等，同时还可以配以葡萄、苹果、西瓜等，注意要切成块、片，用叉子吃。

问：川宁的哪种红茶比较好喝？

答：川宁的早餐茶不错，个人比较喜欢，也是第一次接触川宁时候喝的品类。而格雷伯爵是川宁的经典代表，不管喜不喜欢，一定要先感受一下。

问：世界四大名茶是如何评选出来的？为什么四大名茶只有红茶？

答：应该称之为世界四大红茶，包括大吉岭、阿萨姆、乌瓦和祁红，因为最早三四百年前的外国人开始喝茶的时候，尤其是英国人，几乎喝的都是从中国进口的红茶，后来当茶产区增加了印度、斯里兰卡和肯尼亚后，生产的依然是红茶，所以，评选出来的所谓名茶就只有红茶了。

目前世界上茶产品消费的百分之七十依然是红茶，绿茶、白茶等其他茶类合在一起才占到了三成左右。所以现在如果全世界范围评选名茶，即使十大的话，估计红茶也会占到七八成以上。

问：想送朋友红茶做礼品，但自己不太懂，有什么好推荐？

答：首先最好侧面打听下朋友喜欢喝国内还是国外红茶，喜欢国内哪个产区的红茶，平时喝什么价位的红茶，然后再送礼比较靠谱。

如果在没有打听到的状况下，以本人对红茶的了解，建议你送朋友贵州或者广西的红茶，性价比还不错且品质也过得去。

如果是比较重要的朋友，可以送正山小种等品质较高的，此外祁红也可以列入选择范围。

或者买国外的红茶送他，就算平时喜欢喝红茶，未必了解国外的，所以对朋友而言，更有新鲜感。

如果朋友的涉猎面比较广泛，还可以搞些偏门的红茶，譬如乌龙红茶、紫娟红，或者大赛获奖茶，或者私房茶。

注：上述问答，是从平时在"知乎"上及开茶会过程中，遇到的关于红茶的各种问题中，挑选出的一些比较典型的，汇集在一起，在此与各位红茶爱好者们交流。平时在喝红茶过程中，也有一些体会和感悟，一并拿出来与大家分享。

对于茶而言黄大还属于行外人，尚处于学习阶段，所谈乃一家之言且口无遮拦。同时作为广告人，也会时常站在品牌、传播的角度，去观察思考茶这个行业。欢迎茶友们批评指正！

再版后记
POSTSCRIPT

第二版，并非只是把上一版再重新印一次

动笔写这篇后记的时候，已经延误交稿差不多两个月了，当初答应出版社的时候，还以为一个月的时间怎么也整理完了，不成想忙起来一拖再拖。否则，可能两个月前大家就可以读到了。

或许有人会觉得，二版把第一版再印一遍就可以了，但实际上并不是那么简单。可以说重新梳理一版书稿，有些方面比写一本还要琐碎。

红茶四百年兴衰历程，流淌在中国茶文化几千年悠悠历史长河中，因此，把需要的内容从中挑选取舍编写成书，并不是一件很轻松就能完成的事情，对初次接触红茶的读者来说，什么内容是他们最想要了解和掌握的，哪些知识层面可以一带而过，书的章节设置、语言风格、叙述方式、图片搭配等，都要在事先详尽规划，所以既要有知识点又要比较容易理解，读起来顺畅、内容连贯又不枯燥乏味——比较欣慰的是，第一版得到了茶友、读者们的肯定。

从一版到要二版的两年多时间里，笔者讲了大小几十场红茶茶会，与红茶爱好者、茶友、读者、朋友，甚至之前没怎么接触过红茶者，一起分享如何"品红茶就上手"的方法经验以及个人的一些心得体会，在这个过程中，本书的内容不仅得到了实际应用，而且也通过了实践的检验。

在这段期间内，与很多茶友及读者就红茶及本书的内容，进行了相关的交流探讨，笔者也相继把遇到的疑惑和问题，通过各种方式和途径向相关的专家老师求教，其中的一些内容综合在一起梳理总结后，也成为二版书稿修改整理的参考和依据，并在书后附上了茶友们对于红茶的各种疑惑，以及笔者根据自己的理解给予的解答诠释。

对于二版书稿的内容，笔者首先对全书进行了仔细通读，这不仅是为了修改其中的字词语句，更重要的是梳理增删一些章节的内容，譬如对印度、斯里兰卡的各大产区及茶的特色进行完善，按照历史诞生时期重新调整了各大工夫红茶的叙述顺序，很多章节还增添完善了内容，诸如正山小种、白琳、祁红、宁红、川红、台湾红茶，以及冲泡技巧、调饮、养生保健、茶膳等，便于读者们更详细了解，更快捷上手。

对于国内红茶产业的状况，不仅笔者本人，许多红茶爱好者也都对此比较关注，因此在二版书稿中新增加了红茶产业这一章节，通过一些相关数据和笔者的切身感受，以管中窥豹的角度，来领略国内红茶产业发展的大致历程和现状及未来前景。

其实对于一本与茶相关的图书，图片显得尤为重要。因此二版还有一部分新充实的内容就是图片，这次笔者的最佳拍档晓梅特地亲赴杭州请摄影师进行拍摄，以弥补上次因时间关系未能成行而留下的缺憾。而一版时的情形我至今还历历在目，好几个白天到夜晚，请摄影师、茶艺师拍摄冲泡品鉴、产品、茶样的那些场景和过程，那个时节北京已经进入了寒冷的冬季，但是因为有朋友们的热忱帮助，让我犹如喝到了一壶暖心的红茶。

本书能够再版，在此要感谢的人、要说的感谢话语实在太多，这其中首要的点赞给旅游教育出版社，出版社成功策划出版了"人人学茶"这套丛书，已出版的几大茶类的"第一次品××茶就上手"相继再版便是最好的见证。

最后，要特别感谢你们，正翻开此书，在仔细阅读里面内容的你们！正是因为有你们，中国红茶真正如其名般当红，指日可待。

红茶，何时茶如其名真正当红

红茶被命名为"红"，总觉得有些不尽茶之本色。因为红茶其实并不那么红，无论从茶本身，还是国人对它的喜欢、热衷程度。反而英语的称谓"black tea（黑茶）"更靠谱一些，因为从红茶之宗小种红茶来看，外观确实呈乌黑之色。如果当时首先传过去的是黑茶，那当红茶传过去时，英语国家的人就只能和我们一样把它叫作"红茶"了，因为"black tea"已经成为黑茶的名字了。

红茶如果不称之为红，个人觉得叫褐茶或者赭茶似乎更贴切，因为无论茶的条索颜色，还是汤色，都更接近于命名。祁红创制之初就曾被称为乌龙茶，大抵也是这个原因。不过从传播角度来看，显然叫红茶更有辨识度些。

辨识汤色时，红茶虽然有着与青茶及普洱兼似的外在，但毕竟茶类不同，香气、滋味等内在完全不一样。而且，红茶更独具其他茶类所没有的包容性，它可以与花果、香料、牛奶按一定比例调配，调和成各种口味，在不失本身茶香的同时，还能让味蕾有更多的享受。这大概犹如一类人，虽不锋芒毕露，却可以兼收并蓄，展现出自己多方面的魅力，有个性、有内涵，又大气包容。

红茶衍生调和出的各种特色味道，应该归功于富有想象力的外国人。正是他们当年往茶汤里加入牛奶、糖、果汁后发现味道别有洞天，不断发扬光大才有了今天的各种调配红茶。

而今天我们大部分国人最初知道并接触红茶，竟是从老外搞的这种调味红茶开始的。红茶诞生至今的四百年时间里，我们生产出来的红茶几乎都出口了，国人基本不喝它，所以那么多种类的工夫红茶，即使生活在产区的人都不知道。而我们国人开始喝红茶，并且国内逐渐出现红茶消费市场，居然是从国外反传回来的，其渠道一方面是改革开放后国内涌现的各种咖啡店，一方面是通过外贸、商务接待过程，一方面则是外企、合资公司及其办事机构的写字楼和办公场所里的红茶文化传播。

当初，很多国人从老外那里知道了红茶，并且像学喝咖啡一样尝试着去喝红茶，时间长了竟有人认为装在小袋儿里的碎末，才是所谓的红茶。本来当年是我们教会老外喝红茶的，红茶也如其名一样，在国外火得一塌糊涂，还间接引发了两场改变了历史进程的战争——美国独立战争和鸦片战争。但之后时代的跌宕变迁，让当年风靡世界的中国红茶，沉寂了那么多年。20世纪90年代初，立顿红茶开始进入中国市场时，我们自己的红茶却几乎处于销声匿迹、名存实亡的窘况。

所幸金骏眉的横空出世，让中国茶企看到了红茶发展的一线生机，于是红茶市场开始慢慢升温。到如今经过十几年的培育，可以说初见规模。所以从这个角度来看，可以说是金骏眉的创始者们无意中翻开了中国红茶崭新的一页，这就好比德云社凭一己之力，拯救了濒临衰败的相声一样。

虽然小种和工夫红茶，当年曾拿过各种国际大奖，备受外国人追捧，但那都是过去时了。如今我们的红茶产业与国外相比，差距实在太悬殊了，我们有太多需要向国外学习借鉴的东西。

首先在行业产值和效益上，彼此差距实在太悬殊了。据说立顿一家的年产值比我们国内全部茶企加起来的年产值都要多，在实力和品牌上，我们国内没有任何一家茶企可以跟国外的品牌比肩。

其次在产品标准化、质量稳定性方面，我们的差距也非常大。即使是同一个产区、同一家茶厂、同一款产品，也会因各种因素导致产品的形与味都可能差别很大，这也是国内的红茶无法做大做强的重要因素之一。

再者在红茶品类上，国内的红茶也不够丰富多样，更缺乏符合现代潮流感、适合年轻人群饮用的产品。虽然近几年红茶市场升温，但产品却趋同于盲从、模仿。同时，针对红茶相关的各类衍生产品的开发更是欠缺。

还有一个关键因素是，我们对红茶文化、红茶知识的传播普及以及茶饮体验等方面都做得很不够，作为红茶发源地，实在有些说不过去。

对于我们这个世界茶叶的发祥地、红茶最早的生产国来说，红茶何时能茶如其名，真正当红呢？

主要参考文献
REFERENCES

1. [美]威廉·乌克斯. 茶叶全书. 东方出版社, 2011.

2. [日]株式会社主妇之友社. 红茶品鉴大全. 张蓓蓓, 译. 辽宁科学技术出版社, 2009.

3. 陈宗懋, 杨亚军. 中国茶经. 上海文化出版社, 2011.

4. 邹新球. 武夷正山小种红茶. 中国农业出版社, 2011.

5. 林应忠. 政和工夫红茶. 中国农业出版社, 2010.

6. 徐庆生, 祖帅. 名门双姝:金针梅、金骏眉. 中国农业出版社, 2012.

7. 陈安妮. 中国红茶经典. 海峡出版发行集团, 福建科学技术出版社, 2012.

8. 陈安妮. 话说福建红茶. 福建科学技术出版社, 2009.

9. 程启坤, 郑建新. 祁门红茶. 上海文化出版社, 2008.

10. 于川. 私享红茶. 百花文艺出版社, 2011.

11. 赵立忠, 杨玉琴等. 图解第一次品红茶就上手. 易博士文化, 城邦文化事业股份有限公司, 2012.

12. 周重林, 太俊林. 茶叶战争——茶叶与天朝的兴衰. 华中科技大学出版社, 2012.

13. 中华人民共和国国家标准. 红茶第1部分:红碎茶. 中国标准出版社, 2008.

14. 中华人民共和国国家标准. 红茶第2部分:工夫红茶. 中国标准出版社, 2008.

15. 中华人民共和国国家标准. 红茶第3部分:小种红茶. 中国标准出版社, 2013.

16. 中国农业国际合作促进会茶产业委员会. 茶产业:2017 NO. 1. 中国农业出版社, 2017.

17. 杨江帆, 李闽榕, 黎星辉, 等. 茶业蓝皮书:中国茶产业发展报告(2014). 社会科学文献出版社, 2014.

18. 2011中国红茶高峰论坛文集. 福建省茶叶学会编辑, 2011.

19. 中国茶叶学会, 中国国际茶文化研究会. 中国茶业年鉴（2013—2016）. 中国农业出版社, 2016.

20. 陈宗懋, 杨亚军. 中国茶叶词典. 上海文化出版社, 2013.

21. 吴觉农. 茶经述评（第二版）. 中国农业出版社, 2013.

22. 王秋墨. 花草茶. 中国经工业出版社, 2005.

23. 于观亭, 解荣海, 陆尧. 中国茶膳. 中国农业出版社, 2003.

● 末茗舍茶室

中 华 茶 道 网

传播中华文明
探索茶中奥义

红茶时光

北 京 茶 友 会

以茶会友
问茶
品茶
交友

地　　址：北京西城区马连道路 19 号茶马大厦 1411 室
联系电话：北京茶友会会长　王伟欣　13701370495

北京玄如堂文化发展有限公司

茶，美器，
手作衣裳：可以平衡
自然与生活的物件

地　　址：北京西城区马连道第三区商业街 5-2076 号
联系电话：13810373034

武夷山国家级自然保护区
江府茶厂

桐木江氏
制茶世家

地　　址：福建省武夷山市国家级自然保护区桐木关
电　　话：18507210670

沈 采 青 荷 茶 室

交朋友
品好茶
爱生活

地　　址：沈阳市新民市兴隆堡乡沈阳采油厂南 08-1-102 室
联系电话：孙继松　13604062761

白头偕老（北京）茶业有限公司

百年白茶情
携手到白头

地　　址：北京市西城区一商大厦 605
联系电话：010-63340600

符 号 传 媒

创意卓尔不群
视觉永无止境

地　　址：郑州市黄河路姚砦路金成时代广场 4 号楼 622 室
联系电话：赖刚　15638599275

KUANFU·TEA

毛里茶业投资有限公司（毛里求斯）
Mauristea Investment Co., Ltd (Mauritius)

毛里茶业投资有限公司，发明了 K26 熟化技术，创造了世界上第一个熟红茶新品类，是毛里求斯独有的国礼特产，为毛里求斯在国际茶叶市场上争得一席之地。

K26 熟化技术，是指应用传统的英式 CTC 的 5 道工序技术制成生红茶后，再经由一系列加热方式等多道精制工艺工序加工制成成品茶的技术，前后工序共 26 道，整个生产周期不少于 365 天。应用 K26 熟化技术制成的熟红茶，其茶多酚含量高达 32.5%，而咖啡碱低至 0.017%，从而具备养胃、改善睡眠的显著健康功效。

毛里茶业投资有限公司，不仅为消费者研发健康红茶，还为爱茶人设计茶园观光、茶文化探究的专题茶旅游线路，让你领略毛里求斯的海岛茶风情。

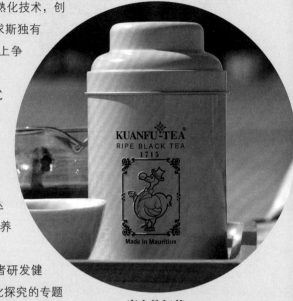

宽夫熟红茶
Kuanfu Ripe Black Tea

毛里生红茶
Island Tea

克里奥砖茶
Creole Brick Tea

中国推广微信

地址：毛里求斯，首都路易港，海洋路，IKS 大厦 1 楼
Address: 1st Floor, IKS Building Marine Road, Port-Louis, Mauritius

联系电话：(+230) 2425195/ 2424511

中国区业务邮箱：mauristea9201@sina.com